U0340099

中国深空测控技术丛书
“十四五”时期国家重点出版物出版专项规划项目

Interferometry Techniques for
Deep Space Navigation

深空测控干涉测量技术

李海涛　黄磊　郝万宏　著

清华大学出版社
北京

内 容 简 介

本书结合我国探月工程和行星探测工程测控系统关键技术研究、系统总体设计和工程实践的最新成果,系统地介绍了深空测控中应用的干涉测量技术。既有基础知识又有创新研究成果,包括对 DOR、CEI 和 SBI 等技术从理论基础、工程实践和技术验证等方面进行了详细论述,对深空测控干涉测量系统的建设和发展具有推动作用。

本书主要面向深空测控领域的工程技术、科学研究人员及学校师生,对于对深空测控干涉测量技术感兴趣的读者也具有一定的参考价值。

图书在版编目(CIP)数据

深空测控干涉测量技术/李海涛,黄磊,郝万宏著.—北京:清华大学出版社,2022.5
(中国深空测控技术丛书)
ISBN 978-7-302-60571-3

Ⅰ.①深⋯　Ⅱ.①李⋯　②黄⋯　③郝⋯　Ⅲ.①空间探测－干涉测量法　Ⅳ.①V11

中国版本图书馆 CIP 数据核字(2022)第 064242 号

责任编辑:戚　亚
封面设计:傅瑞学
责任校对:赵丽敏
责任印制:丛怀宇

出版发行:清华大学出版社
　　　　　网　　　址:http://www.tup.com.cn,http://www.wqbook.com
　　　　　地　　　址:北京清华大学学研大厦 A 座　　邮　　编:100084
　　　　　社 总 机:010-83470000　　　　邮　　购:010-62786544
　　　　　投稿与读者服务:010-62776969,c-service@tup.tsinghua.edu.cn
　　　　　质量反馈:010-62772015,zhiliang@tup.tsinghua.edu.cn
印 装 者:三河市东方印刷有限公司
经　　销:全国新华书店
开　　本:153mm×235mm　印张:14.25　插页:1　字　数:247 千字
版　　次:2022 年 7 月第 1 版　　　　　印　　次:2022 年 7 月第 1 次印刷
定　　价:119.00 元　　　　　　　　　审 图 号:GS(2022)742 号

产品编号:090423-01

"中国深空测控技术丛书" 序

对未知世界的探索,是人类发展的永恒动力;对茫茫宇宙的认知,是人类的不懈追求。人类对于深空的探索,会让人类更加懂得,要珍惜共同的家园——地球。进入 21 世纪以来,随着航天技术与空间科学的飞速发展,人类认识宇宙的手段越来越丰富,范围也越来越广;开展地月日大系统研究,进行太阳系边际探测,已成为人类航天活动的重要方向。无论是从技术难度、规模大小,还是科学贡献来看,深空探测都处于前沿领域。可以说,深空探测已经成为 21 世纪世界航天大国和空间组织进行科技创新的战略制高点。

深空测控具有作用距离远、信号微弱、信号时延大和信号动态大等特点,是实施深空探测任务需关注的首要问题,其技术含量高、难度大,被称为航天测控领域的"技术皇冠"。深空测控系统作为专用于深空航天器跟踪测量、监视控制和信息交换的系统,在深空探测任务中具有不可替代的重要地位和作用。通常,将地面的多个深空测控站组成的测控网称为"深空网"或"深空测控网",特指专门用于深空航天器测控和数据通信的专用测控网,它配有大口径抛物面天线、大功率发射机、极高灵敏度接收系统、信号处理中心以及高精度高稳定度时间频率系统,能完成月球和深空探测器的测控通信任务。

自 2004 年启动实施探月工程以来,中国深空测控系统建设问题就提上了议事日程,先后历经了规划论证、关键技术攻关、系统建设应用三个阶段。2008 年探月工程二期立项后,率先建设了国内喀什 35m 和佳木斯 66m 两个深空站,于 2013 年建成并成功支持了"嫦娥二号"拓展任务和"嫦娥三号"任务实施;2011 年探月工程三期立项,又确定在南美洲建设第三个深空站,最终在 2017 年建成阿根廷 35m 深空站并投入使用,成功支持了"嫦娥四号"和"嫦娥五号"任务。中国深空测控网的研制建设前后历时十年,最终拥有了功能体系完备的深空测控能力,并成为与美国深空网和欧洲航天局深空网比肩的世界三大全球布局深空测控网之一,具备了独立支持月球和深空探测任务的能力。在我国首次火星探测任务中,又在喀什深空站建成了由四个 35m 口径天线组成的第一个深空测控天线阵系统,进一步增强了深空探测任务测控支持能力。未来中国深空测控网将面临更复杂的测控通信任务、更遥远的测控通信距离、更高的深空导航精度等诸多新的挑战。伴随着后续月球和深空探测工程的实施,中国深空测控网将向更高的频段、更高的测量精度、更强的通信能力发展,Ka频段技术、深空光通信、射频光学一体化、百千瓦级超大功率发射、广域天线组阵等更尖端的测控通信技术将应用于深空测控网。

这套"中国深空测控技术丛书"由参与深空测控系统设计与研制建设的一线技术专家,对中国深空测控网系统设计、研制建设、工程应用和技术攻关所取得的技术成果和工程经验进行了系统性总结凝练而成,内容涵盖了深空测控网系统设计、深空无线电测量技术、深空通信技术、深空测控大口径天线、大功率发射、超高灵敏度接收以及信号处理等技术领域。

这是一套凝结了中国深空测控系统设计和研制建设一线专家十数年心血的集大成之作,汇集了专家们的智慧和经验;这是一套系统性总结中国深空测控技术领域创新发展的引领之作,蕴含着专家们的创新理念和思路;这是一套指引中国深空测控系统技术发展的启迪之作,透露出专家们对未来技术发展方向的思考和畅想。我们相信这套丛书会对我国从事深空测控技术领域的工程技术人员提供有益的借鉴和指导;这也是为立志投身深空探测事业的年轻读者提供的一套内容丰富的技术全书,为他们的成长提供充足的动力。

中国探月工程总设计师

中国工程院院士 吴伟仁

2022 年 4 月

前言

　　仰望星空、探索浩瀚宇宙是人类永恒的追求与梦想。随着科学技术水平的发展,人类已经具备了通过航天活动来探索地球以外天体的能力。"深空探测"是指脱离地球引力场,进入太阳系空间和宇宙空间的探测。2020年 12 月 17 日凌晨,携带月壤的"嫦娥五号"返回舱成功着陆在内蒙古四子王旗预定着陆区,标志着我国探月工程"绕、落、回"三步走圆满收官;2021年 4 月 29 日 11 时 23 分,中国空间站"天和"核心舱发射升空,准确进入预定轨道,标志着我国空间站建造进入全面实施阶段;2021 年 5 月 15 日 7 时18 分,"天问一号"探测器成功着陆于火星乌托邦平原南部预选着陆区,迈出了我国星际探测征程的重要一步,实现了从地月系到行星际的跨越。在喜迎建党一百周年,实现"全面建成小康社会"目标之际,我国航天事业也取得了令全世界瞩目的丰硕成果,实现了跨越式发展,为实现我们的航天梦、强国梦进一步夯实了基础。载人月球探测工程和以小行星探测为代表的更深远行星探测任务也已经提上议事日程。

　　深空测控通信系统是对执行深空探测任务的航天器进行跟踪测量、监视控制和信息交换的专用系统,其在深空探测任务中具有举足轻重、不可替代的地位和作用。因此,不断提升深空测控能力也是实施月球与深空探测的必然要求,我国深空测控系统也是伴随着探月工程"绕、落、回"三步走的步伐逐步建设和发展起来的。自 2004 年正式启动实施探月工程以来,我国深空测控系统从无到有,历经十七载逐步发展壮大,如今已成为世界三大全球布局的深空测控网之一,具备了独立支持月球与深空探测任务的能力。自 20 世纪后期 VLBI 技术诞生以来,NASA 喷气推进实验室就提出了基于VLBI 的无线电导航方式。NASA 深空网早在 20 世纪 70 年代就研究利用多种模式的 VLBI 测量技术,对深空航天器进行导航与定位;并利用ΔVLBI 技术完成了对"旅行者 1 号"和"旅行者 2 号"航天器的导航与定轨的验证。随着深空探测任务不断深入,对导航精度的需求也不断提高。干涉测量技术作为深空测控实现高精度角度测量的核心关键技术,已经从 20世纪 80—90 年代 30nrad 的量级逐步发展到了目前 1nrad 的量级,极大提高了深空探测任务的导航精度,并还在向更高的精度发展。

　　作为我国航天测控系统总体设计单位,北京跟踪与通信技术研究所组织深空测控科研团队,不断跟踪和研究国际深空测控通信技术,先后完成了中国深空测控网的顶层设计以及历次探月任务的测控系统总体设计与任务实施,积累了深空测控系统设计与应用的初步经验。本书作者结合亲历的探月工程和行星探测工程在深空测控干涉测量系统设计、研究和工程应用方面所取得的相关成果以及国外相关机构的技术成就,从深空测控干涉测量的基本原理概念、干涉测量基础知识、深空测控干涉测量双差分单向测距、连线干涉测量和同波束干涉测量以及深空测控干涉测量未来的发展方向等方面进行了较为全面的论述,试图从技术原理和工程应用层面为从事深空探测任务干涉测量系统总体设计和工程应用的技术人员,提供一个相对比较完整的技术参考。

本书由李海涛策划和统稿,李海涛完成第1章、第2章、第3章、第7章的撰写,黄磊完成第5章、第6章的撰写,郝万宏完成第4章的撰写。在本书撰写过程中,北京跟踪与通信技术研究所的陈少伍、徐得珍等提供了相关文献资料和有益帮助,在此一并表示感谢。

由于作者学识和水平有限,书中难免有疏漏之处,诚请读者批评指正。

作 者

2022 年 1 月

目录

第1章

绪论

1.1 深空探测

随着科学技术水平的发展,人类已经具备了通过航天活动来探索地球以外天体的能力。根据探测目标和任务的不同,人类的航天活动主要分为发射地球应用卫星、载人航天和深空探测三大领域。

其中,深空探测是指脱离地球引力场,进入太阳系空间和宇宙空间的探测。关于深空的定义,国际宇航界公认的是国际电信联盟(International Telecommunication Union,ITU)的《无线电规则》第 1.77 款中关于深空的规定。过去的《无线电规则》将深空的边界定义为月球及以远;1988 年 10 月,在世界无线电管理大会(World Administrative Radio Conference,WARC)ORB-88 会议上确定将深空的边界修订为距离地球大于或等于 $2.0 \times 10^6 \text{km}$ 的空间,这一规定从 1990 年 3 月 16 日起生效[1]。国际空间数据系统咨询委员会(Consultative Committee for Space Data Systems,CCSDS)在其建议标准书中也将距离地球 $2.0 \times 10^6 \text{km}$ 外的航天活动定义为 B 类任务(深空任务)。目前,国际上主要航天国家和组织均把这一定义作为深空的标准定义。

《中国大百科全书:航空航天》在空间探测器条目中提出:对月球和月球以远的天体和空间进行探测的无人航天器,称"深空探测器"。深空探测器包括月球探测器、行星和行星际探测器。深空探测器是深空探测的主要工具。探测的主要目的是:了解太阳系的起源、演变和现状;通过对太阳系内的各主要行星的比较研究进一步认识地球环境的形成和演变;了解太阳系的变化历史;探索生命的起源和演变。深空探测器实现了对月球和行星的逼近观测和直接取样探测,开创了人类探索太阳系内天体的新阶段[2]。

空间探测系统包括空间探测器和深空网。空间探测器是系统的空间部分,装载科学探测仪器,执行空间探测任务。为执行不同的探测任务和探测不同的目标,可构成不同的空间探测系统。空间探测的主要方式有:①从月球或行星近旁飞过,进行近距离观测;②成为月球或行星的人造卫星,进行长期的反复观测;③在月球或行星表面硬着陆,利用坠毁之前的短暂时机进行探测;④在月球或行星表面软着陆,进行实地考察,也可将取得的样品送回地球研究[2]。

在 2000 年 12 月国务院新闻办公室发布的《中国的航天》白皮书中提出"开展以月球探测为主的深空探测的预先研究"[3];《2006 年中国的航天》

白皮书在"过去五年的进展"中又指出"深空探测。开展了绕月探测工程的预先研究和工程实施,取得重要进展"[4]。2007 年 10 月 24 日,"嫦娥一号"首颗月球探测器发射成功,同年 11 月,成功传回月球表面照片。图 1-1 即为"嫦娥一号"卫星及其拍摄的月面图像。2007 年 12 月,时任国家主席胡锦涛在庆祝我国首次月球探测工程取得圆满成功大会上明确指出"首次月球探测工程,是我国开展深空探测的第一步"。可见,中国将月球探测作为了深空探测的起点。

图 1-1　"嫦娥一号"月球探测卫星及其拍摄的月面图像

从 1958 年 8 月 17 日美国发射第一个月球探测器"先驱者 0 号"开始,人类对太阳系的深空探测活动至今已有 60 多年的历史。人类开展的深空探测活动已基本覆盖了太阳系内的各类天体,包括太阳、除地球之外的其他七大行星及其卫星、小行星和彗星等,实现了飞越、撞击、环绕、软着陆、巡视、采样返回等多种探测方式。探测的重点主要集中在火星、金星、太阳以及小天体上。迄今为止,仅有中国、美国、苏联/俄罗斯、欧洲航天局和日本独立开展了深空探测活动。而美国则是目前唯一已经对除地球之外的其他七大行星、太阳、小天体及太阳系以外宇宙空间开展过探测活动的国家。

美国在 20 世纪 70 年代发射的"先驱者 10 号"(1972 年 3 月 3 日发射,在 2003 年 1 月 22 日,最后一次接收到从"先驱者 10 号"发送来的极微弱信号时,它正距地球约 80AU[①],截至 2018 年 12 月距离太阳约 122AU,并以每年 2.534AU 的速度飞离太阳系[5])和"先驱者 11 号"(1973 年 4 月 6 日发射,截至 2018 年 12 月距离太阳约 101AU,并以每年 2.392AU 的速度飞离太阳系[5])、"旅行者 1 号"(1977 年 9 月 5 日发射,截至 2018 年 12 月距离太阳约 144AU,并以每年 3.6AU 的速度飞离太阳系[6])和"旅行者 2 号"(1977 年 8 月 20 日发射,截至 2018 年 12 月距离太阳约 119AU,并以每年 3.3AU 的速度飞离太阳系[6])已经能够飞出太阳系边缘,正在奔向更加遥

---

① 1AU,即 1 个天文单位,约为 $1.5 \times 10^8 \text{km}$。

远的星际空间。"先驱者10号"正在飞向银河系的中心,而"先驱者11号"正在朝相反的方向飞行[5]。

2012年4月15日,"嫦娥二号"离开地日拉格朗日L2点前往4179号小行星(Toutatis,图塔蒂斯)进行探测。2012年8月下旬,"嫦娥二号"与地球距离突破了2×10^6 km,进入了真正意义上的深空。北京时间2012年12月13日16时30分09秒,"嫦娥二号"在距地球约7×10^6 km远的深空,对4179号小行星进行了飞越探测,并成功对其进行了拍照,如图1-2所示。这是中国第一次对小行星进行探测,也是一次真正意义上的深空探测活动。中国也成为继美国、欧洲航天局和日本之后,第四个对小行星实施探测的国家(或组织)。

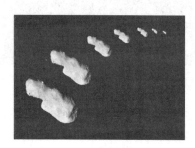

图1-2 "嫦娥二号"拍摄的图塔蒂斯小行星照片

21世纪以来,世界上各主要航天大国和组织都制定了20年乃至更长远的深空探测发展规划。2011年9月,由美国国家航空航天局(National Aeronautics and Space Administration,NASA)、欧洲航天局(European Space Agency,ESA)、俄罗斯联邦航天局(Федеральное космическое агентство России,Роскосмос)、日本宇宙航空研究开发机构(Japan Aerospace Exploration Agency,JAXA)等14个国家或组织的航天局组成的国际空间探索协调组(International Space Exploration Coordination Group,ISECG)发布了《全球探测路线图》,并于2013年8月进行了修订。该路线图规划了未来25年通过国际合作,人类持续探测月球、小行星和火星的途径,确定了探测目的地、任务目标、任务方案及探测准备活动等。

ISECG提出的未来25年的空间探测活动的最终目标是实现载人火星探测。各个成员机构针对这一目标在路线图中提出了两种技术路线,一种是以美国NASA为主导提出的小行星优先路线,另一种是其他国家和组织提出的月球优先路线。两种路线的主要差异是在2020年之后的载人探测任务规划上,一个是从地月拉格朗日L1点的深空居民点任务到载人小行星着陆探测,最终实现载人火星探测;另一个是从月球探测到实现载人火星探测。各个成员机构已明确 2025 年前的无人深空探测任务规划的重点仍主要集中在火星,包括了着陆器/巡视器、轨道器和采样返回任务。

在深空探测工程领域,中国也提出了一系列的宏伟计划。中国首次火星探测任务在 2020 年实施,探测器外形见图 1-3,通过一次发射,实现火星环绕和着陆巡视探测。2021 年火星探测器着陆火星,巡视探测器外形见图 1-4。后续在 2024 年前后完成小行星探测,2028 年前后火星取样返回,2036 年前后进行木星系及行星际穿越探测等。此外,还有专家提出了中国空间探索的新设想——太阳系边际探测任务,瞄准 21 世纪中叶实现 100AU 的就位探测。

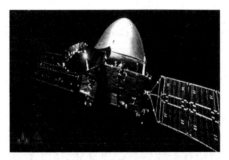

图 1-3　中国首次火星探测任务探测器外形

图 1-4　中国火星巡视探测器

1.2　深空测控

航天器测控通信通常采用无线电信号进行天地之间的信息传输,无线电波以光速向外辐射,其强度以传播距离的平方衰减。深空航天器与近地航天器相比,其与地球之间的距离非常遥远,带来了巨大的信号衰减和传输时延。表 1-1 给出了太阳系主要天体与地球的距离以及与地球同步卫星相比较的信号衰减情况和信号传输时延情况。

**表 1-1 太阳系内各大行星与地球的通信距离、延迟及
与地球同步卫星相比的信号衰减**

行星	距地球最远距离/10^6 km	地球同步卫星距地球 0.036×10^6 km		通信单向延迟/min
		距离的倍数	通信路径损耗增加量/dB	
水星	222	6167	76	12.3
金星	261	7250	77	14.5
火星	401	11 139	81	22.3
木星	968	26 889	89	53.8
土星	1659	46 083	93	92.2
天王星	3155	87 639	99	175.3
海王星	4694	130 389	102	260.8

1) 信号空间衰减大

无线电信号强度以传播距离的平方衰减,遥远的距离带来巨大的信号路径损耗,意味着同样强度的发射信号,接收方得到的信号更加微弱,可传输的有效信息将急剧下降,为保证一定的信息量传输将花费更大的代价。为了弥补深空测控通信巨大的信号空间衰减,通常采用增大天线口径、增大射频发射功率、降低接收系统噪声温度、提高载波频率、应用信道编译码技术、降低传输码速率、通过数据压缩降低信息传输数据量等措施。例如,美国的深空网天线最大口径已经达到 70m,工作频段已经提高到 Ka 频段(32GHz),地面最大发射功率也已经达到上百千瓦。

深空探测的通信数据分为两类,一类是现场感知数据,主要是探测器拍摄的现场照片和视频信息,另一类是科学探测数据,主要包括探测图像、合成孔径雷达和多频谱与混合谱成像探测仪获取的数据。随着载人深空探测提上议事日程(美国计划 2030 年载人登陆火星),未来深空探测的现场感知数据也会从现在的图像,向视频乃至高清晰度电视(high definition televison,HDTV)发展,数据传输速率需求将达到百兆量级。这些都对深空通信技术提出了新的挑战。

2) 信号传输时延长

对于数亿公里外的深空航天器,无线电信号单向传输长达数小时,无法像近地航天器那样对其进行实时操作控制和状态监视;由于地球自转的影响还导致单个地面深空站无法实现对其进行不间断跟踪。为了克服巨大时间延迟,主要采用地面提前注入的控制模式和多站接力的测量模式。例如,美国的"旅行者 2 号"在海王星附近时,由于距离非常遥远,往返光传输时间

超过了 8h,当信号返回地球时发射站已经随地球自转出了航天器视线,必须由另一个站来接收[7]。

3) 信号传播环境复杂

深空测控通信无线电信号除了必须穿过近地空间的对流层和电离层之外,还要穿越变化复杂的太阳等离子区,经受随时出现的太阳风暴的冲击。同时,对具有大气层的地外天体的探测,信号还要穿过这些星体的大气层。这些都会对测控通信性能带来影响。无线电信号的频率越高,电波波长越短,电离层和太阳等离子区中带电粒子的影响就越小,从而可以提高无线电测量的精度。例如,带电粒子对 X 频段双向链路的影响将减小为 S 频段链路的 1/13。未来使用的 Ka 频段双向链路将进一步减小为 X 频段链路的 1/14[9]。

4) 高精度导航困难

与近地航天器导航相比,深空航天器距离地球更遥远,无法使用像 GPS 这样的导航卫星系统;同时由于地面接收到的深空航天器信号非常微弱,还导致无线电测距测速精度的恶化;此外,由于深空航天器相对于单个地面站的测量几何关系变化非常微小,不利于实现高精度的轨道测量。

自 20 世纪后期甚长基线干涉测量(very long baseling interferometry, VLBI)技术诞生以来,美国 NASA 喷气推进实验室(Jet Propulsion Laboratory,JPL)提出了基于 VLBI 的无线电导航方式,即 ΔDOD(delta-differential one-way Doppler)和 ΔDOR(delta-differential one-way range)两种技术。NASA 深空网(deep space network,DSN)早在 20 世纪 70 年代就研究利用多种模式的 VLBI 测量技术,对深空航天器进行导航与定位;并利用 ΔVLBI 技术完成了对“旅行者 1 号”和“旅行者 2 号”航天器的导航与定轨的验证。在 20 世纪 80 年代至 90 年代,这项技术被 JPL 进一步完善和发展,用于支持行星际任务的精度达到了 30nrad(nano-radian,纳弧度)的量级。在 20 世纪 90 年代早期,这项跟踪技术被应用于行星轨道器“麦哲伦号”在金星的跟踪,其数据帮助提高了天球坐标系内金星星历的测量精度,达到了 5nrad 的水平。在 2001 年的“火星奥德赛”任务中,测量精度达到了 5nrad,而在最近的 MRO 任务中更是达到了 2nrad 的水平[9]。

NASA 深空网的导航跟踪精度发展历程及展望如图 1-5 所示[8]。再生伪码测距则可以消除上行链路噪声的影响、提高测距精度,NASA 已经在对冥王星及其卫星进行探测的“新地平线号”(2006 年 1 月 19 日发射)任务中应用了该技术。

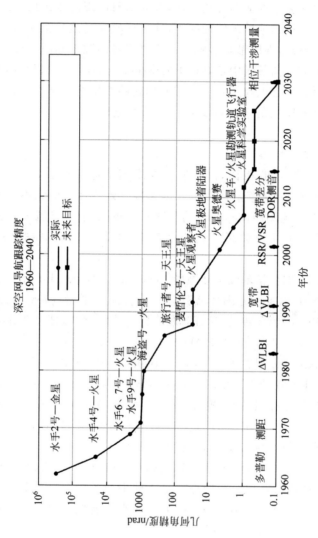

图 1-5 NASA 深空网的导航跟踪精度发展历程及展望

1.3 深空测控通信系统

深空测控通信系统是对执行深空探测任务的航天器进行跟踪测量、监视控制和信息交换的专用系统,其在深空探测任务中具有举足轻重、不可替代的地位和作用。首先,它是天地之间进行信息交互的唯一手段,也是航天器正常工作运行、充分发挥其应用效能的重要保证。通过地面站建立地面与航天器之间的天地无线电通信链路,完成对航天器的跟踪测量、遥测、遥控和天地数据通信业务。其次,它是深空探测体系的重要组成部分。从深空航天器发射入轨到全任务周期结束,测控通信系统将一直负责对航天器进行操作管理,提供长期的飞行状态监视和飞行控制,并进行探测信息接收、处理和数据交换。此外,它还为相关系统提供科学应用处理所需的基准信息,提供航天器精确轨道与姿态数据、遥测数据作为科学探测载荷应用数据处理的基准信息[9]。

深空测控通信系统一般由航天器星载测控通信分系统、分布于地面的深空测控站、深空任务飞行控制中心以及将测控站和飞行控制中心连接在一起的通信网组成,如图 1-6 所示。通常,将地面的多个深空测控站组成的测控网称为"深空网"或"深空测控网",特指专门用于深空航天器测控和数据传输的专用测控网。其特点是配有大口径抛物面天线、大功率发射机、极高灵敏度接收系统、信号处理中心以及高精度高稳定度时间和频率系统,能完成 2×10^6 km 以远深空航天器的测控通信任务[9]。为了克服地球自转影响,

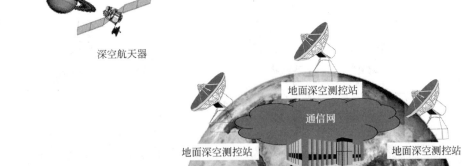

深空航天器

地面深空测控站

通信网

地面深空测控站

地面深空测控站

深空任务飞行控制中心

图 1-6 深空测控通信系统组成

实现对深空航天器的连续跟踪,深空网的布局通常是在全球范围内经度上间隔120°布站,这样就可以确保对距离地球表面3×10^4km以上的航天器进行连续跟踪。综合考虑跟踪弧段和天线性能,深空站站址纬度通常选择在南北纬30°~40°[10]。

深空测控通信系统利用深空测控站上行或下行无线链路和深空航天器上的测控应答机,可以实现三种基本功能。第一个功能,也是最为重要的,就是产生无线电测量数据的功能。在深空航天器在轨运行期间,任务中心利用许多无线电测量信息估计航天器的精确位置,包括多普勒信号数据、测距信息数据、两个测站构成的干涉仪差分测量数据等。深空测控通信系统的第二个功能是利用加入到上行链路(从深空测控站发出)和下行链路(从深空航天器发出)的调制信号。遥控指令通过上行链路发送至深空航天器,同时工程和科学数据通过下行链路发送回地球。第三个功能是利用深空测控网作为科学仪器设备研究无线电科学和雷达天文学。目前,在NASA政策支持鼓励下,利用深空航天器发射的无线电信号、银河系外的无线电信号或者戈尔德斯通(Goldstone)的大功率雷达发射器回波,科学家们可以使用深空网作为科学仪器设备来了解宇宙深处的秘密。深空测控通信网的功能如图1-7所示[11]。

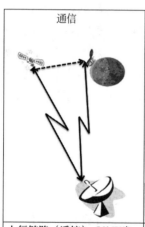
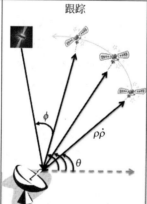
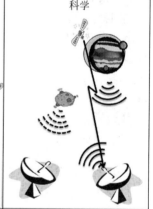

通信	跟踪	科学
上行链路(遥控):20kW发射机;S频段(2GHz)和X频段(8GHz);数据率从10bps到10kbps **下行链路(遥测)**:S频段(2GHz),X频段(8GHz),Ka频段(26或32GHz);数据率从10bps到6.6Mbps	采集多种数据类型用于轨道确定: • 距离 • 多普勒 • 角度 • ΔDOR • 甚长基线干涉测量(VLBI)	**雷达**:向惯性天体发射信号并处理接收的反射信号 **无线电科学**:观测航天器在穿过行星大气层时的信号变化 **射电天文**:观测自然源的无线电辐射

图1-7 深空测控通信网的功能示意

目前,美国国家航空航天局、欧洲航天局、俄罗斯联邦航天局等已经建立了深空测控网。我国也在探月工程的带动下,正在开展深空测控通信网的研制建设。日本、印度、意大利、德国等部分国家也建设了自己的深空测控设备。全球深空测控设施布局如图 1-8 所示。

世界地图

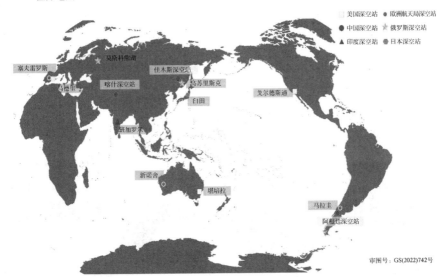

审图号: GS(2022)742号

图 1-8　全球深空测控设施布局

1.3.1　美国 NASA 深空网

美国 NASA 深空网由在全球按经度间隔 120° 分布的三个深空通信综合设施组成,分别位于美国加州的戈尔德斯通、西班牙的马德里(Madrid)和澳大利亚的堪培拉(Canberra),深空网的操作控制中心位于美国加州的喷气推进实验室(JPL),如图 1-9 所示。NASA 深空网是目前世界上能力最强的深空测控通信系统,其深空设备主要技术指标见表 1-2。

1) 戈尔德斯通深空通信综合设施(北纬 35°25′36″,西经 116°53′24″),位于美国加州的莫哈维沙漠。建有 70m 天线 1 个,34m 高效率(HEF)天线 1 个,34m 波束波导(BWG)天线 4 个,正在新建 1 个 34m 波束波导天线。

2) 马德里深空通信综合设施(北纬 40°25′53″,西经 4°14′53″),位于西班牙首都马德里以西 60km,建有 70m 天线 1 个,34m 高效率天线 1 个,34m 波束波导天线 2 个,目前有 2 个 34m 波束波导天线在建。

3）堪培拉深空通信综合设施（南纬35°24′05″，东经148°58′54″），位于澳大利亚首都堪培拉西南40km，建有70m天线1个，34m高效率天线1个，34m波束波导天线2个，目前有2个34m波束波导天线在建。

通过深空天线和数据分发系统，NASA深空网可以实现以下功能：

（1）获取航天器遥测数据。

（2）向航天器发送遥控指令。

（3）跟踪航天器的位置和速度。

（4）进行甚长基线干涉测量观测（直接测量航天器或射电源的角位置）。

（5）为无线电科学实验测量无线电波的变化。

（6）接收科学数据。

（7）监控深空网的性能。

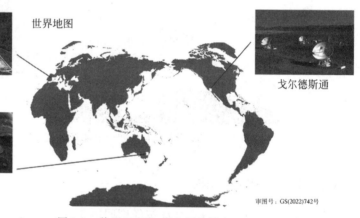

图1-9 美国NASA深空网布局

表1-2 NASA深空设备主要技术指标

指　　标	34m高效率天线	34m波束波导天线	70m天线
S频段发射频率		2025～2120MHz	2025～2120MHz
X频段发射频率	7145～7235MHz	7145～7235MHz	7145～7235MHz
Ka频段发射频率		34 200～34 700MHz（仅DSS-25）	
S频段EIRP		98.1dBW	118.3dBW
X频段EIRP	109.4dBW	102.3dBW	114.6dBW
Ka频段EIRP		108.5dBW	

续表

指　　标	34m 高效率天线	34m 波束波导天线	70m 天线
S 频段接收频率	2200～2300MHz	2200～2300MHz	2200～2300MHz
X 频段接收频率	8400～8500MHz	8400～8500MHz	8400～8500MHz
Ka 频段接收频率		31 800～32 300MHz	
S 频段 G/T	38.2dB/K(10°仰角，晴空)	39.4dB/K(10°仰角，晴空)	47.8dB/K(10°仰角，晴空)
X 频段 G/T	49.8dB/K(10°仰角，晴空)	50.0dB/K(10°仰角，晴空)	57dB/K(10°仰角，晴空)
Ka 频段 G/T		60.8dB/K(45°仰角，晴空)	

1.3.2　ESA 深空网

　　ESA 深空网的建设始于 1998 年，目前已经建成了全球分布的三个具有 35m 口径天线的深空站，分别是澳大利亚新诺舍(New Norcia)站、西班牙塞夫雷罗斯(Cebreros)站和阿根廷马拉圭(Malargüe)站，如图 1-10 所示，其深空设备主要技术指标见表 1-3。三个深空站可以由位于德国达姆施塔特的欧洲空间操作中心(ESOC)进行远程操作控制。ESA 是世界上第二个建成全球布站深空测控设施的航天机构。

图 1-10　ESA 深空测控网布局示意

审图号：GS(2022)742号

　　1) 新诺舍深空站(南纬 31°2′53.61″，东经 116°11′29.40″)，位于澳大利亚西部珀斯市以北 150km 新诺舍镇以南 8km，2003 年建成。

2）塞夫雷罗斯深空站（北纬40°27′09.68″，西经04°22′03.18″），位于西班牙马德里以西的埃维拉省塞夫雷罗斯城以南12km，2005年建成。

3）马拉圭深空站（南纬35°46′33.63″，西经69°23′53.51″），位于南美洲阿根廷西部门多萨省马拉圭市以南30km，距离布宜诺斯艾利斯市1200km，2012年底建成。

表1-3 ESA深空测控设备主要技术指标

指　　　标	35m天线
S频段发射频率	2025～2120MHz（仅新诺舍）
X频段发射频率	7145～7235MHz
S频段EIRP	97dBW
X频段EIRP	107dBW
S频段接收频率	2200～2300MHz（仅新诺舍）
X频段接收频率	8400～8500MHz
Ka频段接收频率	31 800～32 300MHz
S频段 G/T	37.5dB/K（10°仰角，晴空）
X频段 G/T	50.1dB/K（10°仰角，晴空）
Ka频段 G/T	55.8dB/K（10°仰角，晴空）

1.3.3 中国深空测控通信网

中国在月球探测工程中设计建设了全球布局的深空测控通信网，包括中国西部喀什地区35m深空站、中国东部佳木斯地区66m深空站和位于阿根廷西部内乌肯省萨帕拉（Zapala）地区的35m深空站，可以实现对深空航天器接近90%的测控通信覆盖率。35m深空站具备S、X双频段上下行链路和Ka频段下行链路；66m深空站具备S、X双频段上下行链路。同时，各站均具备干涉测量能力。中国深空网各深空站示意见图1-11，深空设备主要技术指标见表1-4。

(a) (b) (c)

图1-11 中国喀什35m深空站(a)、佳木斯66m深空站(b)、萨帕拉35m深空站(c)

1）佳木斯深空站（北纬 46°29′37″，东经 130°46′12″），位于中国黑龙江省佳木斯市东南约 45km，2013 年建成。

2）喀什深空站（北纬 38°26′34.7″，东经 76°43′40.3″），位于中国新疆维吾尔自治区喀什市以南约 132km 的莎车县恰热克镇附近，2013 年建成。

3）萨帕拉深空站（南纬 38°11′28.90″，西经 70°85′8.20″），位于南美洲阿根廷西部内乌肯省萨帕拉市以北约 80km，2017 年建成。

表 1-4　中国深空测控设备主要技术指标

指　　标	35m 深空站	66m 深空站
S 频段发射频率	2025～2120MHz	2025～2120MHz
X 频段发射频率	7145～7235MHz	7145～7235MHz
S 频段 EIRP	93dBW	97.3dBW
X 频段 EIRP	104dBW	108.3dBW
S 频段接收频率	2200～2300MHz	2200～2300MHz
X 频段接收频率	8400～8500MHz	8400～8500MHz
Ka 频段接收频率	31 800～32 300MHz	
S 频段 G/T	37dB/K（10°仰角，晴空）	41.8dB/K（10°仰角，晴空）
X 频段 G/T	49dB/K（10°仰角，晴空）	53.3dB/K（10°仰角，晴空）
Ka 频段 G/T	56dB/K（10°仰角，晴空）	

1.3.4　俄罗斯深空网

俄罗斯的深空探测地面测控系统主要由乌苏里斯克（Уссурийск）站（北纬 44°1′58.8″，东经 131°45′18″）、叶夫帕托里亚（Евпатория）站（北纬 45°12′59.76″，东经 33°21′59.76″）、熊湖站（莫斯科附近，北纬 55°51′56.8″，东经 37°57′16.56″）和卡利亚津（Калязин）站（北纬 57°15′38.4″，东经 37°56′42″）组成。深空设备主要技术指标见表 1-5。

乌苏里斯克站和叶夫帕托里亚站均有 32m 和 70m 两个天线，熊湖站有 32m 和 64m 口径的单收天线。即将投入使用的"木星"系统是将 70m 和 32m 天线进行现代化改造，采用了新的电子系统，工作在 X 频段，遥测、遥控和测距信号结构符合 CCSDS 和 ESA 标准[12]。莫斯科附近的熊湖站 64m 天线原来是专门用于射电天文的射电望远镜（卡利亚津 64m 天线与其相同），俄罗斯在火卫一采样返回任务（"福布斯-土壤"任务）中将其改造成深空站，作为叶夫帕托里亚站的备份。此外，俄罗斯还建有配备了 25m 口径天线的"加加林号"航天测量船，用于月球和深空探测任务，通常布设在大西洋古巴附近海域,以弥补陆上深空站的测控通信空档。

表 1-5　俄罗斯深空测控设备主要技术指标

指　　标	64m 天线	70m 天线
X 频段发射频率	7145～7190MHz	7145～7190MHz
X 频段 EIRP	107.8dBW	112.5dBW
X 频段接收频率	8400～8450MHz	8400～8450MHz
X 频段 G/T	51.7dB/K(5°仰角,晴空)	54.9dB/K(10°仰角,晴空)

1.3.5　日本深空测控设施

日本 JAXA 在臼田(北纬 $36°07'49''$,东经 $138°22'03''$)建有 1 个 64m 的 S、X 双频段波束波导天线,主要用于深空任务的 TT&C 操作及探测数据的接收,其建设初期为 S 频段,后来增加了 X 频段,由于天线口径太大,不准备改造成 Ka 频段,计划在未来 10 年内,再建 1 个 Ka 频段天线。此外,在鹿儿岛(北纬 $31°15'15''$,东经 $131°4'43''$)还建有 34m 波束波导天线(具备 S 频段收发、X 频段接收功能),是 64m 天线的备份。其深空设备主要技术指标见表 1-6。

表 1-6　日本深空测控设备主要技术指标

指　　标	34m 波束波导天线	64m 波束波导天线
S 频段发射频率	2025～2120MHz	2025～2120MHz
X 频段发射频率	7145～7235MHz	7145～7235MHz
S 频段 EIRP	95dBW	104dBW
X 频段 EIRP	107dBW	113dBW
S 频段接收频率	2200～2300MHz	2200～2300MHz
X 频段接收频率	8400～8500MHz	8400～8500MHz
S 频段 G/T	37.5dB/K(5°仰角,晴空)	44dB/K(15°仰角,晴空)
X 频段 G/T	47.7dB/K(5°仰角,晴空)	55.1dB/K(15°仰角,晴空)

1.3.6　印度深空测控设施

为了支持"月球飞船 1 号"任务,2008 年印度空间研究组织(Indian Space Research Organisation,ISRO)在距班加罗尔市 40km 的比亚拉鲁(北纬 $12°54'5.87''$,东经 $77°22'7.03''$)建成了印度深空网(IDSN)。IDSN 包括 18m 和 32m 大口径天线设备,32m 深空设备主要技术指标见表 1-7,其负责实时接收"月球飞船 1 号"的状态数据和载荷数据,并将跟踪数据(包括测距、多普勒测速和角度数据)传送到控制中心。18m 天线具备 S 频段上

行链路(2kW)和 S/X 双频段下行链路,基带系统采用 CCSDS 标准。32m
天线具备 S 频段(20kW/2kW)和 X 频段(2.5kW)上行链路,S/X 双频段下
行链路,可同时接收两路 S 频段信号和一路 X 频段信号。

表 1-7 印度深空测控设备主要技术指标

指　标	32m 天线
S 频段发射频率	2025～2120MHz
X 频段发射频率	7145～7235MHz
S 频段 EIRP	94dBW
X 频段 EIRP	96dBW
S 频段接收频率	2200～2300MHz
X 频段接收频率	8400～8500MHz
S 频段 G/T	37.5dB/K(45°仰角,晴空)
X 频段 G/T	51dB/K(45°仰角,晴空)

1.3.7　意大利深空测控设施

意大利航天局(Agenzia Spaziale Italiana,ASI)所属撒丁(Sardegna)
64m 深空站位于撒丁岛的首府卡利亚里以北约 35km 的圣巴西利奥村附近
(北纬 $39°29'35''$,东经 $9°14'43''$),其主要技术指标见表 1-8。该深空站于
2011 年建成,具备 X 频段发射和 S、X 和 Ka 频段接收能力。平时以射电天
文观测为主(又称为"撒丁射电望远镜",SRT),在支持深空任务时作为深空
测控站使用。

表 1-8 意大利深空测控设备主要技术指标

指　标	64m 深空站
X 频段发射频率	7145～7235MHz
X 频段 EIRP	108dBW
S 频段接收频率	2200～2300MHz
X 频段接收频率	8400～8500MHz
Ka 频段接收频率	31 800～32 300MHz
S 频段 G/T	41dB/K(10°仰角,晴空)
X 频段 G/T	54.5dB/K(10°仰角,晴空)
Ka 频段 G/T	65dB/K(10°仰角,晴空)

1.3.8　德国深空测控设施

德国宇航中心(DLR)在德国威尔海姆(Weilheim)建有一座 S/X/C 三

频段深空站,该深空站采用 30m 口径反射面天线,其主要技术指标见表 1-9。该站可以在 S 频段（2290～2300MHz,深空）、S 频段（2000～2290MHz,近地）、X 频段（8400～8440MHz）和 C 频段（5625～6125MHz）接收、解调、处理和记录航天器遥测数据,以 S 频段（2110～2120MHz)发送遥控指令。

表 1-9   德国深空测控设备主要技术指标

指　　标	30m 反射面天线
S 频段发射频率	2110～2120MHz
S 频段 EIRP	95dBW
S 频段接收频率	2200～2300MHz
X 频段接收频率	8400～8440MHz
S 频段 G/T	36dB/K(10°仰角,晴空)
X 频段 G/T	49dB/K(10°仰角,晴空)

参考文献

[1]　BOOK B. Radio frequency and modulation systems[R].[S. l. ：s. n.],2008.

[2]　姜椿芳.中国大百科全书:航空航天[M].北京：中国大百科全书出版社,1992.

[3]　中华人民共和国国务院新闻办公室.中国的航天[J].中国航天,2000(12).

[4]　中华人民共和国国务院新闻办公室.2006 年中国的航天[J].航天器工程,2006,015(4)：1-6.

[5]　正在飞离太阳系的卫星[EB/OL].[2018-12-31].http://www. heavens-above.com/SolarEscape. aspx.

[6]　Voyager fast facts [EB/OL].［2018-12-31］.http：//voyager. jpl. nasa. gov/mission/fastfacts. html.

[7]　桑顿,博德.深空导航无线电跟踪测量技术[M].李海涛,译.北京：清华大学出版社,2005.

[8]　WOOD L J. Deep space navigation[R].[S. l. ；s. n.],2011.

[9]　李海涛.深空测控通信系统设计原理与方法[M].北京：清华大学出版社,2014.

[10]　李海涛,王宏,董光亮.深空站站址纬度选择问题的分析[J].飞行器测控学报,2009(1)：1-6.

[11]　BHANJI A,SIBLE W,BERNER J. Introduction to the DSN and its operations[R].[S. l.]：DSN 50th Anniversary Celebration Symposium,2014.

[12]　李平,张纪生.俄罗斯深空测控通信技术的发展及现状[J].电讯技术,2003,43(4)：1-8.

第2章

深空测控干涉测量技术概述

2.1 深空无线电跟踪测量技术

深空航天器的地基导航主要依靠地面的深空测控系统来完成,地面深空测控系统通过与深空航天器上所载的测控合作目标配合,获取深空航天器相对于地球的速度、距离和角度位置信息,并利用所获取的数据来确定深空航天器的轨道。目前,深空航天器的地基导航主要采用的是无线电跟踪测量数据,数据类型包括多普勒测速、测距和干涉测角。

航天器至地面站的距离(斜距 ρ)与单向信号传输时间 τ_g 的关系近似为

$$\rho = \tau_g c \tag{2-1}$$

其中,c 是光速。

飞离地球的航天器所接收的频率近似为

$$f_R = \left(1 - \frac{\dot{\rho}}{c}\right) f_T \tag{2-2}$$

其中,f_T 是航天器发射的频率,$\dot{\rho}$ 是航天器瞬时斜距变化率。$(\dot{\rho}/c) f_T$ 称为"多普勒频移"。因此多普勒测量值提供了航天器至地面站距离变化率的信息。

航天器至地面站的距离由式(2-3)近似给出:

$$\rho \approx r - [r_s \cos\delta \cos(\varphi - \alpha) + z_s \sin\delta] \tag{2-3}$$

任意时刻航天器和地面站的坐标关系如图 2-1 所示。从跟踪站到遥远航天器的斜距变化率 $\dot{\rho}$ 可以近似表示[1]为式(2-4):

$$\dot{\rho}(t) \approx \dot{r}(t) + \omega_e r_s \cos\delta \sin(\omega_e t + \phi + \lambda_s - \alpha) \tag{2-4}$$

其中,$\dot{r}$ = 地心距离变化率;

ω_e = 地球平均自转速率;

r_s = 从地球自转轴到跟踪站的距离;

λ_s = 跟踪站经度;

α = 航天器赤经;

δ = 航天器赤纬;

ϕ = 取决于历元时刻的相位角。

当时间 t 为世界时(格林尼治时间),ϕ 是平均太阳的瞬时赤经。

当航天器与地面站存在相对运动时,地面站接收到的信号频率会发生变化。当航天器向地面站接近时,无线电信号的波长变短、频率变高;当航天器远离地面站时,无线电信号的波长变长、频率变低,这种现象称为"多普勒效应"。测量出多普勒频移的大小即可以计算出目标相对地面站的径向

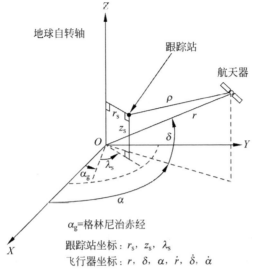

α_g=格林尼治赤经

跟踪站坐标：r_s，z_s，λ_s

飞行器坐标：r，δ，α，$\dot{r}$，$\dot{\delta}$，$\dot{\alpha}$

图 2-1　航天器和地面站的坐标关系

速度。测量相干下行载波的多普勒频移可以获得深空航天器相对地球运动速度的径向分量，多普勒测速数据是深空导航的一种主要地基无线电跟踪数据。图 2-2 简要说明了多普勒频移提取过程。发射和接收载波频率的差产生多普勒单频信号，计数器测量多普勒单频信号的相位变化，生成计数时间内距离变化的测量量。多普勒计数器在计数时间 T_c 内以优于百分之一周的分辨率测量总的相位变化。接收信号相位相对发射信号相位每滑过一周，信号传播的距离就增加一个波长（在 X 频段为 3.6cm）。多普勒计数器就给出了在 T_c 内距离变化的测量值。图 2-3 说明了多普勒频移测量的理想化结果。

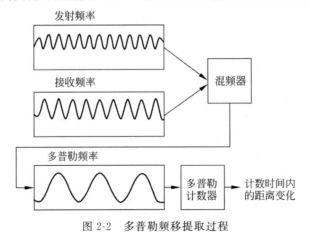

图 2-2　多普勒频移提取过程

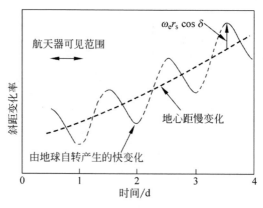

图 2-3 理想化的多普勒频移测量

国际上分配的从地球至深空航天器和从深空航天器到地球的测控通信工作频段[1]，如表 2-1 所示。

表 2-1 深空测控通信上、下行链路频率范围

频　　段	上行频率/MHz	下行频率/MHz
S	2110～2120	2290～2300
X	7145～7190	8400～8450
Ka	34 200～34 700	31 800～32 300

在 20 世纪 60 年代美国 NASA 深空网开发了用于上、下行链路的 S 频段能力。在 20 世纪 70 年代中期，NASA 航天器上装备了 S/X 双频下行链路（两个下行链路频段的信号是相关的，来自于同一个参考信号）。1989年，增加了 X 频段上行能力。"麦哲伦号"探测器是第一个使用这种能力并能发射由 X 频段上行链路信号产生的相干 S/X 下行链路信号的深空航天器。在 20 世纪 90 年代发射的多数航天器只具备发射和接收 X 频段信号的能力，而"卡西尼号"则能够工作在 X 频段上行链路和 X/Ka 相干下行链路，NASA 后续将进一步使用 Ka 频段。朝更高频段发展的主要驱动因素是希望得到更好的通信性能，频率越高，波长越短，电离层和太阳等离子区中带电粒子的影响就越小，所以也提高了无线电测量的精度[1]。

经过特殊编码的测距信号加载到发送至深空航天器的上行链路上，并记录其发射时间；深空航天器接收到测距信号后，通过其下行链路将其转发回地面，当地面深空站接收到测距信号，确定其以光速运动的时间，就可以计算出地面深空站至深空航天器的距离。测距数据也是深空导航的一种主要地基无线电跟踪数据。

　　深空航天器与地面深空站的距离是通过测量深空站所产生测距信号的往返传输时间获得的。由深空站频率标准产生的一系列正弦侧音形成的测距信号被调相在发射的载波信号上[1]。航天器接收机的锁相环锁定并跟踪上行载波,再产生与上行载波相干的参考信号。用这一参考信号来解调测距信号,测距信号通过低通滤波器(目前其高端截止频率低于 2MHz)再被调相在下行载波上,该载波信号与上行链路相干但频率有偏移(例如,X 频段上/下行链路频率比为 880/749)。地面深空站接收机的锁相环产生与接收信号相干的参考信号,测距单元则利用该参考信号解调下行链路信号,接收的测距码与发射的测距码复制品比对,测定出往返传输时间。当测距信号由航天器进行转发或重新发射时,上行链路的噪声将调制到下行链路的载波上,这将带来 $1/r^4$(r 为单向距离)的路径损耗。典型的深空任务中,应答机测距信道的噪声功率可能比测距功率大 30~40dB,因此这种方式将降低测距精度。再生测距体制提供了从下行链路信号中剔除上行链路噪声影响的方法,从而增加了地面站的接收信噪比(signal-noise ratio,SNR)(从 $1/r^4$ 改善为 $1/r^2$),进而带来更高的测距精度,并使得链路设计者能够为遥测信息分配更多的功率。2009 年 3 月 CCSDS 颁布了 *CCSDS 414.1-B-1 Pseudo-noise(PN)ranging systems* 建议的蓝皮书。NASA 深空网的地面站已经具备了再生测距能力,并在探测冥王星和"柯伊伯带"的"新地平线"深空航天器上(已于 2015 年 7 月飞越冥王星)进行了再生伪码测距试验。在 ESA 和日本 JAXA 联合探测水星任务的"比皮科伦坡号"探测器上的 X/X/Ka 应答机也采用了再生伪码测距技术。

　　用同一个发射和接收站以及同一个频率标准进行双向跟踪可获得最准确的距离和多普勒测量量,这种模式称为"双向测量模式";对于"旅行者 2 号"任务在海王星附近时的情况,由于距离非常遥远,往返光传输时间超过了 8h,当信号返回地球时发射站已经随地球自转出了深空航天器视线,必须由另一个站来接收,这种模式称为"三向测量模式";还有一种由深空航天器上的高稳定度晶振产生下行信号,地面深空站仅进行接收的测量模式,称为"单向测量模式",如图 2-4 所示[2]。

　　对于多普勒测速和距离测量,存在一些限制测量精度的误差影响。包括跟踪测量设备中的误差,如时钟的不稳定性、设备对信号的延迟等;还包括传输介质对信号的延迟和发散。另外,由于站址误差或地球方向误差产生的跟踪几何不完善的情况,对航天器定位精度也有限制。目前,航天器主要使用 X 频段上、下行链路。多普勒测量系统误差主要由视线方向上太阳带电粒子的波动引入。测距系统精度主要受地面和航天器电子设备的延迟

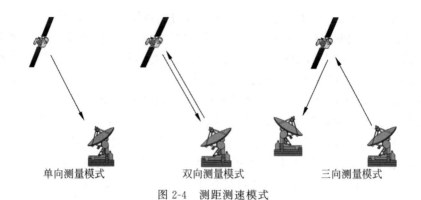

图 2-4　测距测速模式

限制,系统误差精度在 2m 左右。在理想条件下,多普勒和距离测量的长弧段数据可以提供至少 40nrad 的角精度。但多普勒和距离测量数据对航天器角位置的确定精度会因动力模型的不精确而严重下降。

天文学领域为了提高对射电源结构的分辨率,在 20 世纪 60 年代中期由苏联科学家提出了"独立本振"长基线干涉的概念[3],即利用两个相距很远的基站把观测基线拉长,每个基站采用独立的高稳定的时频源,最后将两个基站分别采集的数据进行相关处理获得所需结果。之后美国 NASA 通过射电源观测试验成功验证了该技术用于深空导航的可行性。无线电干涉测量技术利用两个或多个基站准同时接收目标(航天器或射电源)信号,经互相关算法处理可获得目标的角位置(参见图 2-5)。相比传统测距和多普勒测速方法,该技术具有几个优点[4]:①不存在航天器零赤纬测量灵敏度低的问题;②对横向参数敏感,只需要两条不平行(尽量互相垂直)基线就可以解出航天器的位置,基线越长测量精度越高;③通过观测邻近射电源

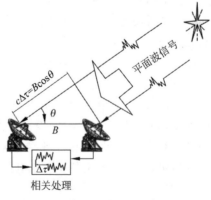

图 2-5　无线电干涉测量几何原理图

可以将射电源信号与航天器信号进行差分,差分过程可以减小系统公共误差,提高测量精度,而且这是一种几何测量方法,不受航天器动力模型误差的影响[5];④定位所需时间短,只需要利用航天器下行信号,短时间的观测(约 30min)就可以获得高精度定轨结果;⑤可以用来精确测定行星星历、地球定向、射电源位置等参数[6]。无线电干涉测量技术的上述特点使其成为传统测距和多普勒测速方法的重要补充,在现代深空导航中具有不可取代的地位,两者的具体对比参见表 2-2。

表 2-2 测距和多普勒测速技术与干涉测量技术对比

对 比 项	测距和多普勒测速技术	无线电干涉测量技术
观测量	距离,速度,位置(径向敏感)	位置(横向敏感)
测角精度	一般	高
精确定位所需时间	一般大于 2h	约 0.5h
航天器赤纬接近零时测量灵敏度	低	高
动力模型误差影响	随时间积累	不受影响
其他	方法简单,数据处理比较容易,通过长时间观测可以得到高精度观测量	可以通过差分技术进一步提高精度;可以用来精确测定行星星历、地球定向、射电源位置等参数

无线电干涉测量技术研究和应用的先驱是美国 NASA 的深空网,自 20 世纪后期 VLBI 技术诞生以来,美国 NASA 所属 JPL 就提出了基于 VLBI 的无线电导航方式,利用 DSN 超过一万公里的测量基线,测角精度非常高,目前已经能够达到 1~2nrad[7]。相当于在火星与地球平均约 1AU 的距离上,定位精度可达 150~300m,但在土星与地球平均约 9AU 的距离上,定位精度就下降到 1350~2700m。随着航天器距离地球越来越远,需要更高的测角精度才能达到航天器执行任务所需的定位精度。美国 JPL 在未来 25 年深空导航需求规划中也把高精度导航列为重要的一项挑战,特别是未来行星采样返回任务中需要进行精确着陆和行星轨道交会对接,对导航精度提出了更高的要求[8-9]。

2.2 深空测控干涉测量技术发展历程

2.2.1 起步阶段

在苏联科学家提出"独立本振"长基线干涉的概念后不久,1967 年美国和加拿大成功进行了多次 VLBI 试验[10],最长试验基线达到了 5000 多千米,采用铷钟作为频率标准,观测频段主要集中在 1.6GHz[3]。这几次试验让 NASA 认识到这种技术在深空探测中具有良好的应用前景,因此 NASA 开展了一系列射电源观测试验来验证其在深空导航中的可行性,但当时时延测量精度仅 200～500ns,射电源定位精度较低[11]。1970 年 Rogers 提出了带宽综合技术[12],时延测量精度取得突破性提高,VLBI 技术得到质的发展。

1971 年,NASA 启动了全球 VLBI 地球物理联测,提高了世界时、地球极移、地球板块运动等参数和天球参考架的测量精度[13]。要利用 VLBI 技术跟踪航天器,就必须对基线的方向、长度和时频系统等有非常精确的认识。地球是一个在不断变化的类球体,基站位置会随着地球内部运动而不断改变,例如地球板块运动一年就可以引起洲际基线长度几厘米的变化。VLBI 技术通过观测遥远的射电源,视其在天球参考架中的位置固定不动(或变化很小),反推地球极移和板块运动等参数,以提高基线的方向和长度等参数的精度。20 世纪 70 年代,NASA 还利用 VLBI 技术开展了航天器定位试验,参与了“阿波罗”载人登月工程,用于支持月球车月面定位、轨迹确定和轨道舱与着陆舱对接等。其中“阿波罗”16 号和 17 号任务中月球车月面定位精度达到了 20m[14]。与此同时,NASA 还开展了“阿波罗”月面试验站的同波束相对定位试验和射电源差分干涉测量试验(ΔVLBI),有效提高了目标定位精度。ΔVLBI 观测示意见图 2-6。

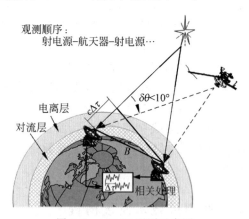

图 2-6　ΔVLBI 观测示意图

1972 年 NASA 利用“水手 9 号”航天器下行 S 频段信号开展了窄带 ΔVLBI 试验[15],因为各种因素考虑不周,包括时钟频率不稳,设备误差很人，S 频段信号受空间传播路径中电离介质影响严重，数据处理算法不完善等，最终获得的测量结果较差。1979 年 NASA 利用"旅行者"1 号、2 号航天器飞越木星的机会，进行了 22 次窄带 ΔVLBI 试验，采用了 S 和 X 两个频段进行观测。当时期望的测角精度为 50nrad，但测量结果误差比预期大10 倍，达到了 500nrad，主要原因是参考射电源离航天器太远（大于 10°），设备误差没有很好减小，观测计划有缺陷使得观测时间减少了一半[16-17]。

20 世纪 70 年代是深空导航无线电干涉测量技术的起步阶段，理论的发展和验证奠定了无线电干涉测量技术在深空导航中的应用基础。以美国为主导，开展了多次 VLBI 深空导航试验，确定了无线电干涉测量技术参与深空导航的方式。同时通过射电源观测，极大地提高了地球定向参数和天球参考架的精度。由于当时试验条件有限，第一代数据采集系统 Mk Ⅰ 的记录速率仅为 720kb/s，信号带宽只有数百千赫兹，只适合窄带 VLBI 观测，设备误差和站址误差也较大，所以几次深空航天器导航试验结果都不甚理想。无线电干涉测量无法提供精确定轨所需的高精度测量数据，因此未能成为 NASA 的一种常规导航手段。但是这些试验证明了无线电干涉测量技术在深空导航中的可行性，为整个无线电干涉测量系统的改进指明了方向，积累了宝贵的观测和数据处理经验。

2.2.2　改进阶段

20 世纪 80 年代初，两个"旅行者号"航天器与土星交会时碰到了零赤纬问题，成为开展无线电干涉测量的绝佳机会。NASA 利用新研发的Mk Ⅱ 系统对两个航天器进行了窄带 ΔVLBI 和 ΔDOR 测量[18]。

ΔDOR 技术源于深空网提出的离散侧音信号测距系统，航天器下行信号中会包含几个不同频率的正弦 DOR 音，因为不同 DOR 音的频率间隔可以保证解算相互之间的相位模糊，分别测量这几个 DOR 音的相位，可以获得较大带宽上的精确群时延。一般在 S 频段只设置一对 DOR 音，在 X 频段设置两对，CCSDS 建议的 DOR 音信号频率分配见表 2-3。图 2-7 是美国 NASA 深空网 X 频段 DOR 音信号频率分配图，最大信号带宽达到了38.4MHz，一对 ±3.8MHz 的 DOR 音用来辅助解相位模糊。ΔDOR 测量方法和 ΔVLBI 测量类似，射电源观测通道的中心频率要与 DOR 信号观测通道的中心频率一致。如果信号带宽不够，观测量是时延率则称为ΔDOD。

表 2-3　各频段 CCSDS 建议的 DOR 音信号频率分配表

信 号 频 率	DOR 音对数	建议的 DOR 音频率(偏差±10%)
2.3GHz(S 频段)	1	4MHz
8.4GHz(X 频段)	2	4MHz 和 20MHz
34GHz(Ka 频段)	3	4MHz、20MHz 和 76MHz

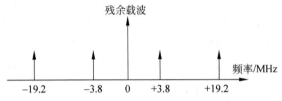

图 2-7　美国 NASA 深空网 X 频段 DOR 音信号频率分配示意图

虽然两个"旅行者号"航天器下行信号中并不具备 DOR 音,但是利用其遥测副载波的±5 次到±9 次谐波进行了 3.6～6.48MHz 的有限带宽的 ΔDOR 测量,精度达到了 100nrad[19],同时在"海盗号"航天器上也开展了类似试验。1982 年为了验证将在"伽利略号"航天器上使用的 ΔDOR 技术,NASA 利用"旅行者 2 号"开展了一项 X 频段 ΔDOR 试验,信号带宽扩展到 14MHz,测角精度提高了 4 倍,但射电源表和行星历表定义在不同参考架下,存在参考架连接问题,这导致测量结果产生了偏移。1985 年美国 NASA 深空网建立了窄通带 VLBI(narrow channel bandwidth VLBI)系统,采用数模混合组件[20],相关处理算法改用专用的数据处理器完成,数据可以通过基站间的通信链路在几小时内传到处理中心,能保证按时把 ΔDOR 测量结果交付给 JPL 导航小组,在 40MHz 带宽信号条件下可以达到 50nrad 的测角精度。ΔDOR 测量逐渐成为 NASA 的一种可选的高精度导航技术,并相继在"旅行者"1 号、2 号航天器飞越天王星和海王星时得到应用,为这两个航天器精确进入预定轨道提供了高精度位置信息。与此同时,苏联也在大力发展无线电干涉测量技术,并在 20 世纪 80 年代建成了深空测控网。苏联在"金星 15 号""维加号""福波斯号"等航天器上开展了 ΔVLBI 试验,在 1985 年的"维加号"任务中利用探测气球成功测量了金星的大气风速[21]。同一时期,日本也利用地球同步轨道卫星进行了 ΔVLBI 测轨试验,基线长度为 46km,与测距和多普勒测速数据联合定轨精度达到 100m[22]。

这十年间无线电干涉测量技术得到了充分发展,各机构继续开展 ΔVLBI 测量,并提出了 ΔDOR 测量新体制,使得精度上了一个台阶。尽管深空航天器还不具备宽带信号或 DOR 音,但是利用有限带宽的远边带信号获得的高精度结果令人十分振奋。这也促使 NASA 等机构在后来的航天器下行信号中都加入了 DOR 音,方便进行 ΔDOR 测量。同时无线电干涉测量技术也得到了很多国家的重视,各国相继开发用于深空导航的无线电干涉测量系统并进行了试验。

2.2.3 发展阶段

1990 年"麦哲伦号"航天器在前往金星途中利用其宽达 30MHz 的 X 频段遥测信号进行了 ΔDOR 试验,精度达到 30nrad[23]。之后四年在"麦哲伦号"环绕金星飞行期间又进行了观测,精度提高到 20nrad,还建立了更好的金星参考架连接。同一时期 NASA 还利用"伽利略号"S 频段 7.65MHz 带宽信号开展了 ΔDOR 测量,受限于带宽,精度只有 50nrad[24],数据接收处理系统则升级为 Mk Ⅲ。NASA 的"火星观测者"探测器是第一个具备 X 频段 38.25MHz 带宽 DOR 音的航天器,1992 到 1993 年间,其巡航段测角精度达到 23nrad[25],相当于在火星距离上定位精度为 3km。

ΔDOR 测量逐渐成为美国深空网的标准配置。遗憾的是虽然这项技术已经发展到性能如此优良的地步,却没有在任务中获得至关重要的地位,主要原因在两个方面:一是任务费用削减,传统的测距和多普勒测速可以满足任务要求,取消了 ΔDOR 测量;二是当时 ΔDOR 测量成功率还比较低,达不到顺利支持任务的 99% 的高可靠率要求。这也导致 1999 年的 MCO(Mars climate orbiter)航天器没有采用无线电干涉测量技术,最终因为未能发现微小动力模型误差积累致使其入轨失败[26]。

在这段时间内,NASA 在无线电干涉测量技术领域还进行了两次重要的试验。一次是 1991 年,利用"麦哲伦号"和"先驱者 12 号"同时环绕金星飞行的机会开展了同波束干涉测量(same beam interferometry,SBI),获得了 4nrad 的高精度相对角位置[27]。SBI 技术概念早在"阿波罗"登月计划中就已经应用,它利用两个航天器角距小的特点,可以在一个天线的同一波束内同时观测,更好地消除路径、设备等公共误差,其测量原理如图 2-8 所示。SBI 技术可以连续同时接收两个航天器的信号,从而得到连续的相时延观测,再对两者做差可以获得高精度的差分相时延值。该技术的关键在于求解差分相位的整周模糊,在进行相位测量时,若测得的相位为 φ,则实际相位可能为 $\varphi+2\pi n (n=1,2,\cdots)$,这就是相位的整周模糊。如果航天器下行信号为单频点信号,则需要通过较长时间的跟踪测量,利用地球自转效应才可以解出整周模糊;如果航天器具备多频点信号,就可以利用频率综合法来消除相位模糊。比如航天器下行信号中包含 3 个正弦信号 f_1、f_2 和 f_3，第一频点和第二频点的频率差为 Δf_{12}，这个频差一般比较小，只有数兆赫兹。利用时延先验值可以确定两频点相位间的模糊，从而得到第一频点和第二频点间的群时延。类似地求解二、三频点之间的群时延和一、三频点之间的群时延，因为一、三频点间频率差可以达到该频段信号带宽最大值，所以可以获得精度非常高的群时延，利用这个群时延就有可能求解该频段的相时延，整个求解过程可以参考图 2-9。SBI 技术是现有时延测量精度最高的一种技术，可达数十皮秒(ps)量级，对应的相对角位置测量精度可达 0.05nrad，但这种技术需要两个航天器角距很小，必须可以同时落在地面观测天线的同一波束内，在航天器巡航段一般难以满足。

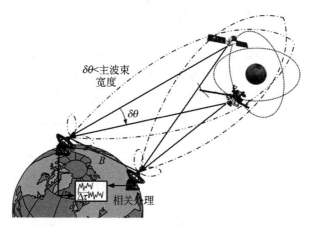

图 2-8　SBI 测量原理

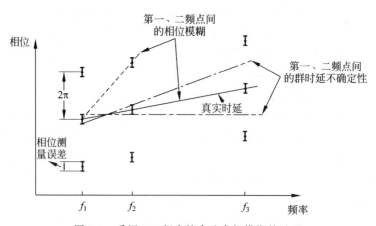

图 2-9　采用 SBI 频率综合法求解模糊的过程

另一项重要试验是 1992 年开展的连线干涉测量(connected element interferometry,CEI)试验,利用的是位于戈尔德斯通深空站内相距 21km 的两个天线。CEI 起源于最早的无线电干涉测量技术,但当时设备误差较大,无法有效利用 CEI 技术的优点。直到这个时期,CEI 技术才重新受到人们的重视。这种观测技术利用两个相隔很近的基站,因此基线很短,但通过光纤链路可以共用一个氢钟,频率一致性高,另外它观测灵活,对目标观测时间长,数据可以实时传送处理,信号到达两个基站的路径相近,路径误差特别是大气的影响几乎可以完全抵消,因此测量精度可以达到 50~100nrad[28]。CEI 测量原理见图 2-10,CEI 现在的主要用途是地球轨道卫星的监测。

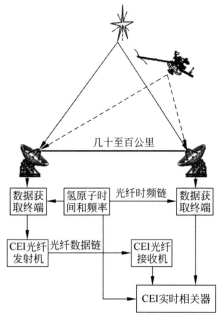

图 2-10　CEI 测量原理

无线电干涉测量技术在 20 世纪 90 年代得到了极大的发展,导航精度提高的同时还明显改进了行星星历和参考架连接。测量体制也得到进一步扩展,SBI 和 CEI 的试验成功开辟了该技术更广阔的应用范围,弥补了 ΔDOR 的不足。MCO 任务的失败则促进了无线电干涉测量技术在深空导航中地位的提升。

2.2.4　成熟阶段

NASA 在 1999 年经历 MCO 和 MPL(Mars polar lander)两次火星任

务失败后,很快又重启了火星探测计划,无线电干涉测量技术毫无疑问成为导航的重要选择。2001 年 ΔDOR 测量顺利地帮助"奥德赛号"航天器进入火星环绕轨道,测角精度优于 5nrad[29]。后续 2004 年的 MER(Mars exploration rover)和前往水星的"信使号"、2005 年的 MRO(Mars reconnaissance orbiter)、2007 年的"凤凰号"及 2011 年的 MSL(Mars science laboratory)任务都采用了 ΔDOR 技术,测角精度逐渐提高到近 1nrad[30-34]。在此期间,相关系统建设也取得重大进展,相继开发出 RSR(radio science receiver)、VSR(VLBI science receiver)和 WVSR(wideband VSR)等设备[35],记录速率达到 80Mb/s,可以确保在 12~24h 内获得高精度高可靠的测量结果;采用了 GPS 校正系统,改进了大气修正模型;地球定向参数和参考源历表精度都得到了提高,金星参考架连接精度达到了 5nrad,而火星则达到了 1nrad 水平。

同一时期,JAXA、ESA 和我国都开展了大量深空探索活动。2003 年 JAXA 的"希望号"和"隼鸟号"任务也都采用了无线电干涉测量技术[36-37],特别是 2007 年对"月亮女神号"航天器成功进行了 SBI 测量,两个子航天器相对定位精度达到 10m 左右[38],改进了月球重力场模型。2010 年的"伊卡洛斯号"任务采用了 15 个天线进行国际 VLBI 跟踪,事后时延处理精度达到了 50ps 水平[39]。ESA 则在 2005 年"卡西尼-惠更斯号"航天器、2006 年"金星快车号"航天器上开展了 ΔDOR 测量[40],"惠更斯号"探测器在土卫六的着陆精度为 1km 左右[10]。我国在 2007 年联合 ESA 对"火星快车号"进行了干涉测量试验,验证了 CVN(Chinese VLBI network)用于深空导航的可行性,并顺利支持了当年的"嫦娥一号"和 2010 年的"嫦娥二号"任务。2013 年发射的"嫦娥三号"也采用 ΔDOR 技术,还利用着陆器和巡视器处于地面站同一波束可见范围内开展了 SBI 试验,确定两者在月面的相对位置,时延测量精度达到了皮秒量级。

美国 NASA 所属 JPL 和 NRAO(National Radio Astronomy Observatory)从 2004 年开始把相位参考技术应用到深空导航。NRAO 下属的 VLBA(Very Long Baseline Array)利用相位参考的原理,通过观测邻近射电源修正目标信号的相位,获得目标的高质量成图,从而得到目标的先验位置和实际位置的修正[41]。该方法具有几个优点:①测量精度高,航天器与射电源角距测量精度优于 1nrad,比 DSN 现有的 ΔDOR 测量精度更高;②不需要航天器具备特殊的信标,利用航天器下行信号就可以精确定位,方便随时对航天器进行测量;③灵敏度高,可以利用更弱的、更靠近航天器的参考射电源,进一步减小系统误差;④需要多个天线观测,但允许单个天线故障而不对整体测量性能造成太大影响,系统鲁棒性强;⑤天线分布范围广,可以有效增加观测时间,观测计划安排更灵活。虽然该方法在实时性方面尚存在问题,但 JPL 已经和 NRAO 着手建立基站间光纤通信网络,保证测量结果按时交付。

进入 21 世纪以来,无线电干涉测量技术已经趋于成熟。各国为了支持自己的深空探测任务,都建立了相对完备的地面系统,并增强了国际间的合作,正在逐步形成遍布全球的干涉测量网络。

图 2-11 是无线电跟踪技术在这 40 多年间的发展图谱,可以看到各项技术的发展情况。图 2-12 总结了各国主要深空任务的无线电干涉测量精度,可以看到测量精度在不断提高,特别是新技术的出现加速了这一进程。以美国 NASA 深空网为代表的无线电干涉测量系统为深空探测任务的顺利实施提供了保障,测量精度可以满足现有任务需求。但是影响 ΔDOR 测量精度的误差因素都已与精度在同一水平(如图 2-13 所示),在现有条件下,ΔDOR 技术的潜力已经挖掘到接近极致,要想进一步提高测量精度比较困难。

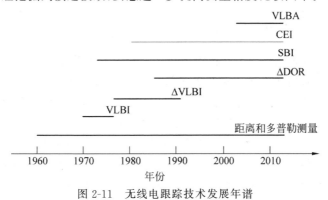

图 2-11　无线电跟踪技术发展年谱

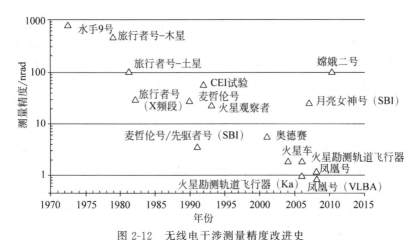

图 2-12　无线电干涉测量精度改进史

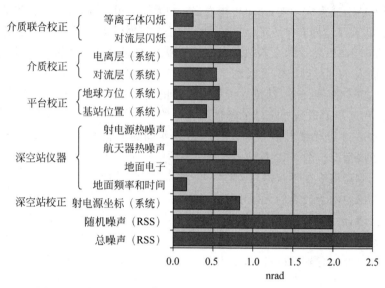

图 2-13　美国深空网 2009 年 ΔDOR 测量误差因素的分布情况

NASA、ESA、JAXA 和我国等都已确定了未来几年的探测任务。航天器为满足无线电干涉测量都具备了特殊的信标，导航精度也将进一步提高。

NASA 在 2011 年发射了"朱诺号"航天器，已于 2016 年到达木星。该航天器具备了 Ka 频段应答机[42]，美国深空网已经对其进行了 ΔDOR 测量用于轨道校验[43]。"朱诺号"航天器需要完成一系列木星极地探测任务，对定轨和木星星历精度要求很高[44]。NASA 借鉴之前观测"卡西尼号"改进土星星历的经验，在"朱诺号"进入木星轨道后利用无线电干涉测量开展了木星星历改进工作[45-46]。

ESA 和 JAXA 合作的"比皮科伦坡号"航天器于 2018 年发射前往水星，该航天器包含两个部分，分别是 MPO（Mercury planetary orbiter）和 MMO（Mercury magnetospheric orbiter）[47]。因为水星与太阳距离很近，太阳的强大引力使得航天器很难被水星俘获，所以对入轨精度要求比较高，期望优于 11km[48]。另外"比皮科伦坡号"的轨道设计比较复杂，采用低推力离子发动机，有多次行星飞越[49]，加之水星附近光压是地球附近的 11 倍和多次太阳交会引入的严重观测误差，需要在航天器飞行途中进行多次无线电干涉测量便于轨道修正，确保导航正确性。航天器进入水星轨道后，两家合作机构还将开展 SBI 测量，确定两个子航天器的相对位置。该航天器具备 X/Ka 频段应答机[50]，下行双频信号可以很好地消除传播路径中电离层误差的影响，提高定位精度。

JUICE(JUpiter ICy moons Explorer)号航天器作为欧洲宇宙全景计划(cosmic vision program)的第一个大型任务,计划于 2022 年发射前往木星系统,将探测木星的三颗卫星[51]。该航天器也是 JIVE(Joint Institute for VLBI in Europe) 开展 PRIDE(planetary radio interferometry and Doppler experiment)项目的一个载体。PRIDE 项目基于无线电干涉测量技术,需要高精度的航天器位置和速度信息,开展重力场测量、行星系统动力学等基础问题研究。JUICE 预计 2030 年到达木星,所以在这期间无线电干涉测量精度取得的进步将直接影响 PRIDE 项目的测量结果。

在现有无线电干涉测量技术的基础上研究新的测量方法可以充分利用现有技术和设备条件,资金投入相对较少。同时可以利用现有任务开展新测量方法的试验验证,丰富深空导航的技术手段,为满足今后任务需求奠定基础。表 2-4 将几种无线电干涉测量技术进行了对比,可以看到各个技术的不同特点和应用条件。

表 2-4 几种深空导航无线电干涉测量技术对比

技术	ΔDOR(DSN) X 频段	SBI	CEI	相位参考 (VLBA)	空间 VLBI	ΔDOR(DSN) Ka 频段
现有精度	1～2nrad	≈0.05nrad	≈40nrad	<1nrad	—	<1nrad
测量条件	具备 DOR 音	两个航天器位于天线同一波束内	短基线,共用一个氢钟	多基站,长短基线配合	需要空间 VLBI 卫星	具备 Ka 频段设备和 DOR 音
优点	群时延测量鲁棒性强,所需观测时间短	可以高精度确定航天器相对位置	时频一致性好,观测灵活,可观测时间长	高精度,系统鲁棒性强,不需要DOR 音	基线长	宽带宽,高精度
缺点	需要 DOR 音	两个航天器角距要小	基线短,精度较低	需要多个基站	基线误差大,空间卫星天线口径小	需要 Ka 频段设备和 DOR 音,易受天气影响
应用场合	深空导航	航天器相对定位	近地卫星定位	深空导航,参考源定位	深空导航	深空导航

从上述几个进行或规划中的任务可以看出,今后深空探测中无线电干涉测量的作用至关重要,不仅要为航天器提供导航定轨服务,还要为后续的科学探测提供支持。

回顾深空导航无线电干涉测量技术的发展史,可以看出任务推动着技术的发展,技术保证任务的顺利实施,两者相互促进、相辅相成。CCSDS 已经发布了无线电干涉测量技术建议书,统一了国际干涉测量数据交换格式。未来在深空导航领域,无线电干涉测量技术将是一个国际开放和合作的方向,可以充分发挥各国优势。

参考文献

［1］ 桑顿,博德.深空导航无线电跟踪测量技术［M］.李海涛,译.北京:清华大学出版社,2005.

［2］ 吴伟仁,王大轶,宁晓琳.深空探测器自主导航原理与技术［M］.北京:中国宇航出版社,2011.

［3］ MORAN J M. Thirty years of VLBI:Early days,successes,and future［J］. IAU Colloq. 164: Radio Emission from Galactic and Extragalactic Compact Sources,1998.

［4］ 朱新颖,李春来,张洪波.深空探测 VLBI 技术综述及我国的现状和发展［J］.宇航学报,2010(8):7.

［5］ LI J L,GUO L,QIAN Z H,et al. The application of the instantaneous states reduction to the orbital monitoring of pivotal arcs of the Chang'E-1 satellite［J］.中国科学:物理学、力学、天文学(英文版),2009(12):9.

［6］ NEWHALL X X,PRESTON R A,ESPOSITO P B. Relating the JPL VLBI reference frame and the planetary ephemerides［J］. Proceedings of the International Astronomical Union,1986,109:789.

［7］ CURKENDALL D W,BORDER J S. Delta-DOR:The one-nanoradian navigation measurement system of the deep space network—History, architecture, and componentry［J］. International Journal of Molecular Sciences,2013,5(11):1.

［8］ MARTIN-MUR T J,ABRAHAM D S,BERRY D,et al. The JPL roadmap for deep space navigation［C］.［S. l.］:Proceedings of the AAS/AIAA 2006 Space Flight Mechanics Meeting,2006.

［9］ TOMAS M M,BHASKARAN S,CESARONE R J,et al. The next 25 years of deep space navigation［C］. Breckenridge,Colorado:31st Annual AAS Guidance and Control Conference,2008.

［10］ 钱志瀚,李金岭.甚长基线干涉测量技术在深空探测中的应用［M］.北京:中国科学技术出版社,2012.

［11］ COHEN M H,SHAFFER D B. Positions of radio sources from long-baseline interferometry［J］. The Astronomical Journal,1971,76(2):91.

［12］ ROGERS A E. Very long baseline interferometry with large effective bandwidth for phase-delay measurements［J］. Radio Science,1970,5(10):1239-1247.

［13］ FANSELOW J L,MACDORAN P F,THOMAS J B,et al. The Goldstone interferometer for earth physics［J］. The Deep Space Network Progress Report,

1971,5: 45-57.

[14] SALZBERG I M. Tracking the Apollo lunar rover with interferometry techniques [J]. Proceedings of the IEEE,1973,61(9): 1233-1236.

[15] SLADE M A,MACDORAN P F, SHAPIRO I I, et al. The Mariner 9 quasar experiment: Part I [J]. The Deep Space Network Progress Report, 1974: 32-1526.

[16] CHRISTENSEN C S,MOULTRIE B,CALLAHAN P S,et al. ∆VLBI spacecraft tracking system demonstration part II : Data acquisition and processing[R]. California: JPL,1980.

[17] BRUNN D L,PRESTON R A,WU S C,et al. ∆VLBI spacecraft tracking system demonstration part I : Design and planning[R]. California: JPL,1978.

[18] BORDER J S, DONIVAN F F, FINLEY S G, et al. Determining spacecraft angular position with delta VLBI: The voyager demonstration[C]. [S. l.]: AIAA Astrodynamics,1982.

[19] BROWN D S,HILDEBRAND C E,SKJERVE L J. Wideband delta VLBI for deep space navigation [C]. Atlantic City, NJ: PLANS ' 80 -Position Location and Navigation Symposium,1980.

[20] LIEWER K M. DSN very long baseline interferometry system Mark IV-88[R]. TDA Progress Report 42,1988,93: 239-246.

[21] SAGDEYEV R Z,KERZHANOVITCH V V,KOGAN L R,et al. Differential VLBI measurements of the Venus atmosphere dynamics by balloons-VEGA project[J]. Astronomy and Astrophysics,1992,254: 387.

[22] SHIOMI T,KOZONO S I,ARIMOTO Y,et al. Precise orbit determination of a geosynchronous satellite by delta VLBI method[J]. Journal of the Radio Research Laboratory,1984,31(133): 111-132.

[23] GRAAT E J,RYNE M S, BORDER J S, et al. Contribution of Doppler and interferometric tracking during the Magellan approach to Venus[C]. Durango, Colorado: Proceedings of the AAS/AIAA Astrodynamics Conference,1992.

[24] JACOBSON R, HAW R, MCELRATH T, et al. A comprehensive orbit reconstruction for the Galileo prime mission in the J2000 system[C]. Girdwood, Alaska: Proceedings of the AAS/AIAA Astrodynamics Conference,1999.

[25] CANGAHUALA L,GRAAT E, ROTH D, et al. Mars observer interplanetary cruise orbit determination[J]. Advances in the Astronautical Sciences,1994.

[26] 李金岭,张津维,刘鹏,等.应用于深空探测的 VLBI 技术[J].航天器工程,2012, 21(2): 62-67.

[27] BORDER J S,FOLKNER W M, KAHN R D,et al. Precise tracking of the Magellan and pioneer Venus orbiters by same-beam interferometry part I : Data accuracy analysis[R]. TDA Progress Report 42,1992,110.

[28] EDWARDS C J, ROGSTAD D, FORT D, et al. The Goldstone real-time

connected element interserometer[J]. TDA Progress Report, 1992, 42 (110): 52-62.

[29] ANTREASIAN P G, BAIRD D T, BORDER J S, et al. 2001 Mars Odyssey orbit determination during interplanetary cruise[J]. Journal of spacecraft and rockets, 2005, 42(3): 394-405.

[30] MCELRATH T P, WATKINS M M, PORTOCK B M, et al. Mars exploration rovers orbit determination filter strategy [C]. [S. l.]: AIAA/AAS Astrodynamics Specialist Conference and Exhibit, 2004.

[31] BORDER J S. A global approach to delta differential one-way range [C]. Kanazawa, Japan: Proceedings of 25th ISTS, 2006.

[32] MARTIN-MUR T J, KRUIZINGA G L, WONG M C. Mars science laboratory interplanetary navigation analysis[J]. Journal of Aerospace Engineering Sciences and Applications, 2012, 4(2).

[33] MARTIN-MUR T J, KRUIZINGAS G L, BURKHART P D, et al. Mars science laboratory navigation results [C]. Pasadena, California: 23rd International symposium on space flight dynamics, 2012.

[34] RYNE M S, GRAAT E, HAW R, et al. Orbit determination for the 2007 Mars phoenix lander [C]. Honolulu, HI: Proceedings of the AIAA Guidance, Navigation, and Control Conference, 2008.

[35] JONGELING A, SIGMAN E, NAVARRO R, et al. Digital front end for wide-band VLBI science receiver[R]. [S. l.]: NASA, 2006.

[36] KIKUCHI F, KONO Y, PING J S. VLBI observation by receiving narrow bandwidth signal for NOZOMI[C]. [S. l.]: Space science symposium, 2004.

[37] ICHIKAWA R, SEKIDO M, OHSAKI H. An evaluation of VLBI observations for the deep space tracking of interplanetary spacecrafts[C]. [S. l.]: IVS 2004 General Meetings Proceedings, 2004.

[38] KAWANO N, HANADA H, MATSUMOTO K. International VLBI tracking of SELENE[C]. [S. l.]: IVS 2006 General Meetings Proceedings, 2006.

[39] TAKEUCHI H, HORIUCHI S, PHILLIPS C, et al. VLBI tracking of the solar sail mission IKAROS[C]. [S. l.]: General Assembly and Scientific Symposium, 2011 XXX th URSI. IEEE, 2011.

[40] CALVéS G M, DUEV D A, CIMÒ G, et al. VLBI and Doppler tracking of Venus express spacecraft [R]. Toulouse: International Planetary Probe Workshop (IPPW-9), 2012.

[41] FOMALONT E. The processing of VLBA spacecraft data[R]. Charlottesville, Virginia: NRAO memorandum, 2005.

[42] TOMMEI G, DIMARE L, MILANI A, et al. Orbit determination for the radio science experiment of the NASA mission Juno [C]. [S. l.]: International Astronautical Congress, 2012.

[43] JACOBS C. JPL VLBI analysis center report for 2011 [R]. California: JPL Analysis Center,2011.

[44] MATOUSEK S. The Juno new frontiers mission[J]. Acta Astronautica,2007, 61(10): 932-939.

[45] JONES D,FOMALONT E,DHAWAN V,et al. VLBI astrometry of planetary orbiters[C]. Manchester,UK: Proceedings of science (RTS2012),2012.

[46] HELLED R,ANDERSON J D,SCHUBERT G,et al. Jupiter's moment of inertia: A possible determination by Juno[J]. Icarus,2011,216(2): 440-448.

[47] GENOVA A,MARABUCCI M,IESS L. Mercury radio science experiment of the mission BepiColombo [J]. Memorie Della Societa Astronomica Italiana Supplementi,2012,20.

[48] JEHN R,COMPANYS V,CORRAL C,et al. Navigating BepiColombo during the weak-stability capture at Mercury[J]. Advances in Space Research,2008,42(8): 1364-1369.

[49] YARNOZ D G,JEHN R,CROON M. Interplanetary navigation along the low-thrust trajectory of BepiColombo[J]. Acta Astronautica,2006,59(1/5): 284-293.

[50] TIBERIS F D,SIMONE L,GELFUSA D,et al. The X/X/KA-band deep space transponder for the BepiColombo mission to Mercury[J]. Acta Astronautica, 2011,68(5-6): 591-598.

[51] GRASSET O,DOUGHERTY M K,COUSTENIS A,et al. JUpiter ICy moons Explorer (JUICE):An ESA mission to orbit Ganymede and to characterise the Jupiter system[J]. Planetary and Space Science,2013,78(4): 1-21.

第3章
甚长基线干涉测量基础

3.1 甚长基线干涉测量基本概念

甚长基线干涉测量(very long baseline interferometry, VLBI)是一种使用两个相距很远的测站测量遥远的无线电信号源发射的信号到达两个测站的几何时延来确定信号源角位置的技术。VLBI 基线长度通常在数千千米,各个测站配置有独立的高精度高稳定度频率源,能够实现最高角度分辨率的天文射电源成像(天体物理 VLBI)和最高精度的射电望远镜天线位置和射电源位置的测量(测地 VLBI)[1]。

由于 VLBI 技术利用的是河外星系射电源(如类星体)所发出的非常微弱的宽带微波辐射信号(通常小于 1Jy,Jy 是射电源流量密度单位,1Jy=10^{-26} W·(m²·Hz)$^{-1}$),因而需要大口径天线、低噪声接收机和宽带记录设备。如图 3-1 所示,来自遥远源的波前以平面波形式到达两个相距极远的天线,所观测到的时间时延是连接两个天线基线矢量和信号源方向矢量的函数。信号被放大、混频至基带、数字化、打时标并记录。随后对所记录的信号进行互相关处理,以确定信号到达两个天线的时间差。该到达时间差称为"VLBI 时延",由几何时延加上测站钟偏差以及信号通过电离层、对流层、测量设备等引起的时延构成。几何时延 τ_g 可以表示为

$$\tau_g = \frac{1}{c} \boldsymbol{B} \cdot \hat{s} \tag{3-1}$$

其中,$\boldsymbol{B}$ 是两天线之间的基线矢量,$\hat{s}$ 是在源方向上的单位矢量。因而,有了基线长度和方向的先验信息,就可以从几何时延中推导出源位置的一个角度分量。所测角度的精度不但取决于 VLBI 时延测量的精确度,而且还依赖于测站钟偏差、不同测量设备和介质的时延以及基线方向误差的校准精度[2]。

将同时参与观测的射电望远镜所记录的数据在数据处理中心进行汇总,对不同天线匹配通道的数据进行相关处理,计算出几何时延 τ_g,这就是 VLBI 数据相关过程。通过引入大气时延和其他影响,可以将时延转化为路径长度、站间基线和射电源方向之间的关系 $b = \arccos(\Delta l / B)$。注意以上计算的角度无法完全确定空间射电源的角度位置。这个计算仅提供了在基线与来波方向确定的平面内射电源所在的角度位置。通过对观测其他射电源的数据做相关处理,可以完全确定该基线。通过足够多的观测和一些必要的参考,可以得到每个站的坐标和所有观测源的角度位置,以及两个站之间频标的偏移量、速率差和与电波传播相关的其他参数。通常,对多个源

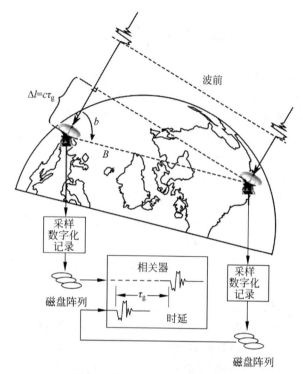

图 3-1 甚长基线干涉测量原理

的时延或者是其导数的测量可以得到源位置、基线矢量和地球运动参数,如UT1 和极移的最小二乘估计[3]。冗余观测能够减少估计值的统计不确定性。

3.2 甚长基线干涉测量设备组成

下面以美国 NASA 深空网(DSN)的 VLBI 测量系统为例来说明 VLBI 测量系统的组成。用于支持宽带 VLBI 测量的 DSN 设备如图 3-2 所示。所有的 DSN 34m HEF 天线和 70m 天线都可用于 VLBI 数据采集。另外,一些 34m BWG 天线已经用于 VLBI。接收到的信号由标准 Mark-Ⅳ/Mark-Ⅴ数据采集终端(DAT)处理[4]。

DSN 大口径天线接收的信号首先经低温制冷低噪声放大器(LNA)放大,然后经下变频器将射频信号变为中频(IF)信号,并传送到信号处理中心(SPC)。下变频器在天线上,其输入为站内的氢原子钟输出的频率标准。系统工作的频率为 S 频段的 2.0GHz,X 频段的 8.1GHz 和 Ka 频段的 31.7GHz。

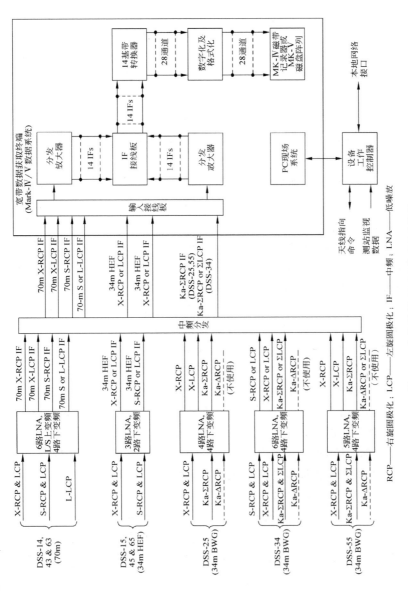

图 3-2 支持宽带 VLBI 的 DSN 设备

DAT 使用的 Mark-Ⅳ 和 Mark-Ⅴ 记录设备之间唯一的区别在记录数据的方式上,其他部分的设备是相同的。天线的中频信号输入到一个切换开关,这里可以将任意两路作为 DAT 的输入。选中的两路中频信号每个都可以进入 14 路基带变频器。基带变频器应用单边带混频技术,将中频信号与以站频标为参考的本振混频,避免了频率混叠。该变频的结果是两个经过滤波的基带通道对应以本振频率为中心的上、下两个边带。本振频率和每个基带变频器的滤波器带宽能够独立设置为 2.0MHz、4.0MHz、8.0MHz 和 16.0MHz。

基带变频器的输出经过格式转化,首先是进行 1 比特量化,与时间、奇偶校验一同按照格式记录,并且按照 Mark-Ⅳ 设置输送到磁带或按照 Mark-Ⅴ 设置输送到一或两个磁盘阵列中。

34m HEF 和 70m 天线包含所有支持频段的相位校准产生器(PCG)。PCG 注入一系列在频率上是均匀分布的侧音信号,从 LNA 前端与接收信号一同进入。由信号到 DAT 的路径上会发生相位时延上的不规律,同时每个视频变频器使用独立的本振会造成相位差异,使用注入侧音就是对以上现象进行校准。侧音之间相距 1.0MHz,由站频标源产生。相位校准音的能量小于任何指定带宽中信号能量的 1%,如此小的能量使得相位校准音不会干扰 VLBI 测量。1.0MHz 的间距可以保证至少一个侧音落在每个 2.0MHz 的频带内,或者用于 VLBI 测量的其他更宽的频带内。通道中心频率的选择将保证在窄带情况下每个通道的单边带内有一个侧音出现。例如,DSS-25 具有 Ka 频带 PCG,该 PCG 可以选择使用侧音间距为 5.0MHz 或 1.0MHz 的侧音。侧音由站频标源产生,同时也是标准相位测量器。

在 VLBI 相关器中,对每个通道的校准音相对相位时延进行测量。将本地基带所产生的独立校准音与记录通道进行相关以完成相位时延测量。该测量能够估计出整个设备系统本身的相位斜率,从而将包括 DAT 在内的通道引起的任何相位偏置进行消除。通过 100s 的积分时间,群时延校准可以到达 0.0015ns 的精度。

除了在 VLBI 相关器对相位时延进行准确地测量之外,通过数字侧音提取器(DTE)可以实时监控相位校准侧音以检测仪器和配置问题。

JPL 的 VLBI 相关器接收 Mark-Ⅳ 或 Mark-Ⅴ 格式的 VLBI 数据。最多可对来自四个天线的记录数据进行互相关处理。当来自一个天线的记录数据与其他天线的数据进行互相关,就构成了一套干涉仪,并且该干涉仪的差分时延就可以确定。来自四个天线的记录数据可以构成六条干涉测量。

通道按"对"进行定义。每个视频变频器建立一对通道,由本振决定该对通道的中心频率。14 个视频变频器同时使用,构成了最多 28 条通道。这 14 对通道可分配给一个或更多频段。典型的通道对频率见表 3-1(对 S 和 X 频段进行同时观测)。表 3-1 中视频变频器的本振频率产生了相应的"通道对"频率(LSB 指下边带,USB 指上边带),可以看到"通道对"频率等于视频变频器的本振频率加第一个变频器的频率(S 频段 2.0GHz 和 X 频段 8.1GHz)。每个通道被 1 比特量化,采样率可以选择。当计划一次观测时,使用者通常使用一个模板帮助他们选择适合的采样率,以保证与使用的视频变频器的带宽一致。合成的并行数字化数据流便由此形成,打上时间标记,并按照 Mark-Ⅳ(磁带)或者 Mark-Ⅴ(磁盘阵列)的形式进行记录[4]。

表 3-1　典型的 DSN 宽带 VLBI 通道(S 和 X 频段)

通　道　对	视频变频器本振/MHz
2217.99MHz(LSB&USB)	217.99
2222.99MHz(LSB&USB)	222.99
2237.99MHz(LSB&USB)	237.99
2267.99MHz(LSB&USB)	267.99
2292.99MHz(LSB&USB)	292.99
2302.99MHz(LSB&USB)	302.99
8210.99MHz(LSB&USB)	110.99
8220.99MHz(LSB&USB)	120.99
8250.99MHz(LSB&USB)	150.99
8310.99MHz(LSB&USB)	210.99
8420.99MHz(LSB&USB)	320.99
8500.99MHz(LSB&USB)	400.99
8550.99MHz(LSB&USB)	450.99
8570.99MHz(LSB&USB)	470.99

3.3　实现甚长基线干涉测量基础技术

最初有三种主要的技术促成了 VLBI 技术的实现,它们分别是:高稳定度频率标准、高精度时间同步和高速高密度记录技术。当然,现在经由高速通信网进行的超宽带数据传输技术已经代替了记录技术,但它作为可靠数据处理的前提依然在发挥重要作用。此外,数字信号处理技术也在 VLBI 技术中扮演了非常重要的角色。实际上,在现代 VLBI 的关键单元中,如时间标记、记录、时延跟踪、条纹停止和相关处理等,都实现了数字化。

3.3.1 高稳定度独立频率源

组成 VLBI 系统的各个天线之间相距很远,通常在数千千米量级,因而无法使用同一个频率源为各个天线同时提供频率基准。对于使用同一频率标准的连线干涉仪而言,各个天线下变频器所用的本振信号是同源的,因而由于频率标准的相位不稳定引起的相位噪声同样都叠加到各个天线的接收信号上。在相关过程中一个天线上的这种共同的相位噪声会与另一个天线上的相位噪声抵消。

假设天线 1 接收了来自点源的信号,可以简化为

$$V_1(t) \propto \cos[2\pi f_s t - \phi(t)]$$ (3-2)

而在天线 2 接收到相同的信号,可以表示为

$$V_2(t) \propto \cos[2\pi f_s(t - \tau_g) - \phi(t)]$$ (3-3)

其中,f_s 是源信号的频率,τ_g 是源信号在两个天线之间的几何时延,$\phi(t)$ 是由频率标准不稳定性所引入的共同相位噪声。

这两个信号经过乘法器之后,就得到

$$V_1(t)V_2(t) \propto \frac{1}{2}\{\cos(2\pi f_s \tau_g) + \cos[4\pi f_s t - 2\pi f_s \tau_g - 2\phi(t)]\}$$

(3-4)

经过积分(时间平均)后得到

$$\overline{V_1(t)V_2(t)} \propto \frac{1}{2}\cos(2\pi f_s \tau_g)$$ (3-5)

由于式(3-4)中第二项随着频率 $4\pi f_s$ 的快速振荡而被平均,故不会产生由于频率标准域引起的相位噪声影响相关器的输出。也就是说,在连线干涉仪中的相关结果不会被共同频率源的不稳定性所影响。因此,可以获得式(3-5)所示的几乎纯净的与 $\cos(2\pi f_s \tau_g)$ 成正比的关系。

由于 VLBI 系统中的各个天线相距甚远,像在 VLBI 技术发展之初那样通过电缆传递共同频率标准是不可能的,即便是现在远距离光纤传递频率技术已获得巨大突破,传输数千千米的高稳定度频率信号亦是代价巨大,得不偿失。

因此,在 VLBI 系统中的各个天线必须拥有各自独立的频率标准来产生本振信号,这也是 VLBI 技术在 20 世纪 60 年代得以发展的关键所在。图 3-3 是频率标准的频率偏差通过时标的偏移和变频器的本振相位影响 VLBI 数据的示意,图 3-4 为 ESA 深空测控天线配置的瑞士 T4Science 公

司生产的双冗余主动型氢原子钟[5]，图 3-5 是该型氢原子钟的频率稳定度和相位噪声测试指标结果[6]。

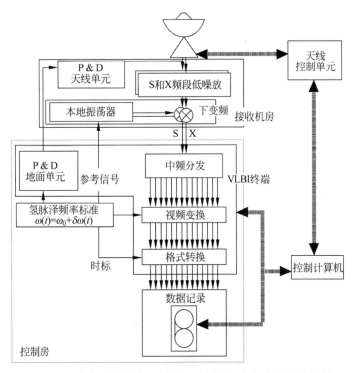

图 3-3　频率标准的频率偏差通过时标的偏移和变频器的本振
相位影响 VLBI 数据示意

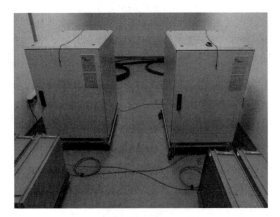

图 3-4　ESA 深空测控天线配置的瑞士 T4Science 公司
生产的双冗余主动型氢原子钟

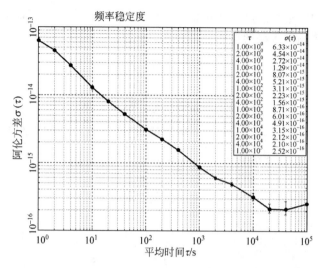

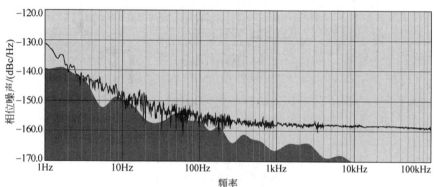

图 3-5　T4Science 公司生产的双冗余主动型氢原子钟的
频率稳定度和相位噪声

再次假设拥有独立本振频率源的天线 1 接收了来自点源的信号,可以
简化为

$$V_1(t) \propto \cos[2\pi f_s t - \phi_1(t)] \tag{3-6}$$

而在同样拥有独立本振频率源的天线 2 接收到相同的信号,可以表
示为

$$V_2(t) \propto \cos[2\pi f_s(t - \tau_g) - \phi_2(t)] \tag{3-7}$$

经过乘法运算后,得到

$$V_1(t)V_2(t) \propto \frac{1}{2}\{\cos[2\pi f_s \tau_g + \phi_2(t) - \phi_1(t)] +$$

$$\cos[4\pi f_s t - 2\pi f_s \tau_g - \phi_1(t) - \phi_2(t)]\} \tag{3-8}$$

经过积分(时间平均)后得到

$$\overline{V_1(t)V_2(t)} \propto \frac{1}{2}\cos\left[2\pi f_s\tau_g + \phi_2(t) - \phi_1(t)\right] \tag{3-9}$$

因此,在 VLBI 系统每一次相关处理的结果中都会包含一个由于各个天线所用不同频率标准而引入的相位噪声项 $\phi_2(t) - \phi_1(t)$。由于此处不可能期望自动补偿这种相位噪声,所以在 VLBI 相关处理的结果中总会受到频率标准不稳定性的直接影响。

在条纹相位(式(3-9)描述的正弦函数条纹图的辐角)中的噪声会引起 VLBI 中两大难题。首先,条纹相位是无线电干涉测量中的一个非常重要的观测量,它会被这种相位噪声严重污染;其次,这种时变的相位噪声限制了 VLBI 测量的灵敏度。实际上如果正弦函数条纹图中的相位是时变的,即使用足够精确的时延跟踪和条纹截止来对几何时延 τ_g 进行理想化的补偿,相关器的输出仍不可能完全停止振荡。因此,若进一步增大相关器输出的积分时间,期望获得更高的信噪比,条纹图的振荡所引起的相位噪声会导致平均信号具有更小的幅度。在相关器输出端的系统噪声必须通过积分得到抑制,但平均信号的幅度可能会因相位噪声引起的振荡而迅速衰减。积分可能根本不会提高信噪比,甚至还会使之恶化,这取决于积分时间和振荡的时间尺度的比率,这种影响被称为"相关损耗"。因此,积分时间必须足够短以避免引起大的损耗,但这也意味着输出信噪比必定会受到短积分时间的限制。这就是为什么在 VLBI 系统中必须要有绝对稳定的频率标准的原因。当然,除了频率标准引起的噪声外,其他的相位噪声,特别是由于扰动的大气层所引起的不规则传输时延变化,同样会引起这类难题。

3.3.2 时间同步

为了在相关间隔内找到白条纹,每个天线的时钟必须以精度 τ_{sync} 同步,τ_{sync} 应该优于相关间隔 $2/B$,其中 B 是记录带宽。即使是在早期典型的 2MHz 带宽 VLBI 观测中也需要高精度时间同步,即 $\tau_{sync} < 1\mu s$($B =$ 2MHz),这样的精度对于当时的时间传输系统而言是难以实现的。现在,由于采用了 256MHz 以上的观测带宽,其要求就更加严苛。对于 $B =$ 256MHz,则有 $\tau_{sync} < 7.8ns$。尽管通过多滞后相关器,可以降低时间同步要求,但仍至少需要优于 100ns 的准确时间同步。利用 GPS 卫星信号的商用时间同步系统可以提供至少几十纳秒级的同步精度,所以现在时间同步已经不再是 VLBI 中的关键技术问题了。一旦成功检测到 VLBI 条纹,VLBI 自身就是最佳时间同步系统,可以实现 1 纳秒量级的时间同步准确度。

3.3.3 记录系统

VLBI 系统从一开始就需要具有很高数据记录速度和非常大数据存储容量的记录系统。这是因为最初不可能通过电缆来传输观测数据至数千千米远的相关器。例如,希望以 $B=1\mathrm{MHz}$ 来记录数字化的数据,按照奈奎斯特采样率 1 比特量化,对于 400s 的时间周期需要以 4Mb/s 速率记录,而数据量至少是 1.6Gb。这在 20 世纪 60 年代可不是个简单的要求,而现在使用的记录系统可以实现 1Gb/s 记录速率和数十太字节的数据量。现在 VLBI 系统使用的是硬盘记录器,甚至可以直接通过高速光纤网络进行数据传输。

Mark-V 记录系统是由 Haystack 天文台开发的第一种基于磁盘技术的高速 VLBI 数据系统,如图 3-6 所示。其能够支持的数据速率最高可达 2048Mb/s,数据被记录在一个由 8 块可插拔 ATA 磁盘组成的磁盘阵列上[7]。

图 3-6 基于磁盘阵列设计的 Mark-V 记录系统

e-VLBI 就是利用高速通信网络传送观测数据,从而能够快速得到观测结果的系统。e-VLBI 具有以下优势:①可以实现比记录系统更高的带宽,从而获得更高的观测灵敏度;②快速的处理状态转换,能够在天文学研究中实现对瞬时现象的研究能力,能够在大地测量领域实现地球定向、UT1的快速反馈测量[8]。

3.4 VLBI 信号处理基础

3.4.1 傅里叶变换

傅里叶变换在信号处理中占有重要地位。某一给定波形可以表示为数个正弦波的波形叠加(如图 3-7 所示[10])。时频问题经常可以通过将时域、频域问题互换而使问题简化。这样的数学操作称为"傅里叶变换"。本节将介绍时间平移的傅里叶变换、相关理论、卷积理论、采样定理以及采样与量化。

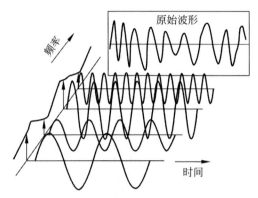

图 3-7　任意波形在频域和时域中的表示

1) 傅里叶变换的定义

傅里叶变换将连续空间$(-\infty,+\infty)$的某一函数转换为连续空间中的另一函数。设$x(t)$为某函数，t为连续独立变量，若存在积分

$$X(f) = \int_{-\infty}^{+\infty} x(t)e^{-i2\pi ft}dt \qquad (3\text{-}10)$$

则称$X(f)$为$x(t)$的傅里叶变换。其中t为时间、f为频率。在此，时域中的问题便转换至频域。由于$e^{-i2\pi ft} = \cos(2\pi ft) - i\sin(2\pi ft)$，其中时间函数均为实函数，式(3-10)可改写为

$$X(f) = \int_{-\infty}^{+\infty} x(t)\cos(2\pi ft)dt - i\int_{-\infty}^{+\infty} x(t)\sin(2\pi ft)dt$$
$$= X_r(f) + X_i(f) \qquad (3\text{-}11)$$

其中，$X_r(f)$和$X_i(f)$分别为$X(f)$的实部和虚部。可见实函数的傅里叶变换为复函数，而且实部为偶函数，虚部为奇函数。将频域问题转换为时域，即

$$x(t) = \int_{-\infty}^{+\infty} X(f)e^{i2\pi ft}df \qquad (3\text{-}12)$$

称$x(t)$为$X(f)$的逆傅里叶变换。可见，傅里叶变换将时域函数转换为频域中的分立正弦函数之和，逆变换则将频域中分立信号转换至时域中的函数。以下讨论中除非特别说明，频域变量由大写字母表示(如X)，而时域变量由小写字母表示(如x)。

我们将涉及傅里叶变换的多种形式来说明VLBI观测的处理过程。

2) 时间平移及其傅里叶变换

先考虑时移问题。若 $x(t)$ 沿时轴平移 τ_0，其傅里叶变换为

$$X'(f) = \int_{-\infty}^{+\infty} x(t-\tau_0) e^{-i2\pi ft} \, dt \tag{3-13}$$

设 $s = t - \tau_0$，则

$$X'(f) = \int_{-\infty}^{+\infty} x(s) e^{-i2\pi fs} \, dt \cdot e^{-i2\pi f\tau_0} = X(f) \cdot e^{-i2\pi f\tau_0} \tag{3-14}$$

可见，时域上的时移，对应于原傅里叶变换与频率相关的 $2\pi f\tau_0$ 滞后相位之积。直观上，时延 τ_0 可等同于某一周期信号的相位滞后。滞后相位表示为

$$\phi = 2\pi f\tau_0 \tag{3-15}$$

换言之，相位变化与频率之比等于时延。将式 (3-15) 取微分表示为

$$\tau_0 = \frac{d\phi}{d\omega} \tag{3-16}$$

其中，$\omega = 2\pi f$ 为角频率。类似地可以证明频域平移及其逆傅里叶变换为

$$\int_{-\infty}^{+\infty} G(f-f_0) e^{i2\pi ft} \, df = e^{i2\pi tf_0} g(t) \tag{3-17}$$

3.4.2 相关定理

本节讨论相关函数及其傅里叶变换和它们在 VLBI 数据处理中的重要作用。

$x(t)$ 和 $y(t)$ 的相关函数定义为

$$c_{xy}(\tau) = \int_{-\infty}^{+\infty} x(t) y(t-\tau) \, dt \tag{3-18}$$

该函数亦表示成 $c_{xy}(\tau) = \int_{-\infty}^{+\infty} x(t) y(t+\tau) \, dt$。但由于 VLBI 中使用台站间的正时延，因而此处采用式 (3-18)，其傅里叶变换为

$$C_{xy}(f) = \int_{-\infty}^{+\infty} c_{xy}(\tau) e^{-i2\pi f\tau} \, d\tau = \int_{-\infty}^{+\infty} \left[\int_{-\infty}^{+\infty} x(t) y(t-\tau) \, dt \right] e^{-i2\pi f\tau} \, d\tau$$

$$= \int_{-\infty}^{+\infty} x(t) \left[\int_{-\infty}^{+\infty} y(t-\tau) e^{-i2\pi f\tau} \, d\tau \right] dt \tag{3-19}$$

令 $s = t - \tau$，则 $\tau = t - s$，代入式 (3-19)，

$$C_{xy}(f) = \int_{-\infty}^{+\infty} x(t) \left[\int_{-\infty}^{+\infty} y(t-\tau) e^{-i2\pi f\tau} \, d\tau \right] dt$$

$$= \int_{-\infty}^{+\infty} x(t) \left[\int_{+\infty}^{-\infty} y(s) e^{-i2\pi f(t-s)} \, d(-s) \right] dt$$

$$= \int_{-\infty}^{+\infty} x(t) \cdot e^{-i2\pi ft} \, dt \left[\int_{-\infty}^{+\infty} y(s) e^{i2\pi fs} \, d(s) \right]$$

$$= X(f) \cdot \left[\int_{-\infty}^{+\infty} y(s) \mathrm{e}^{-\mathrm{i}2\pi(-f)s} \, \mathrm{d}(s) \right]$$

$$= X(f) \cdot Y(-f) = X(f) \cdot Y^*(f) \tag{3-20}$$

式(3-20)即为相关处理的基本理论,其中 $Y(f)$、$Y^*(f)$ 互为共轭。为得到相关谱,必须计算各函数的傅里叶变换及它们的乘积。做逆变换,便得到相关函数

$$c_{xy}(\tau) = \int_{-\infty}^{+\infty} X(f) Y^*(f) \mathrm{e}^{\mathrm{i}2\pi f \tau} \, \mathrm{d}f \tag{3-21}$$

3.4.3 卷积定理

卷积理论是数据采样处理中非常方便的数学工具。

$x(t)$ 和 $y(t)$ 的卷积定义为

$$h(\tau) = \int_{-\infty}^{+\infty} x(t) y(\tau - t) \mathrm{d}t \tag{3-22}$$

在积分理论中常将 $x(t)$ 和 $y(t)$ 的卷积表示为 $x(t) * y(t)$。在定义形式上卷积与相关函数类似,但应注意到 $y(t)$ 的时间轴是逆向的。参照相关函数的类似处理方式可得卷积的傅里叶变换为

$$H(f) = X(f) \cdot Y(f) \tag{3-23}$$

可见,时域中的卷积计算简化为了频域中谱的乘积。

类似地,可将频率域中的卷积计算转换为时域中的计算,令

$H(\eta) = X(f) * Y(f) = \int_{-\infty}^{+\infty} X(f) Y(\eta - f) \mathrm{d}f$,则 $H(\eta)$ 的逆傅里叶变换为

$$\int_{-\infty}^{+\infty} H(\eta) \mathrm{e}^{\mathrm{i}2\pi\eta t} \, \mathrm{d}\eta = \int_{-\infty}^{+\infty} \left[\int_{-\infty}^{+\infty} X(f) Y(\eta - f) \mathrm{d}f \right] \mathrm{e}^{\mathrm{i}2\pi\eta t} \, \mathrm{d}\eta$$

$$= \int_{-\infty}^{+\infty} X(f) \left[\int_{-\infty}^{+\infty} Y(\eta - f) \mathrm{e}^{\mathrm{i}2\pi\eta t} \, \mathrm{d}\eta \right] \mathrm{d}f$$

令 $\mu = \eta - f$,则 $\eta = \mu + f$,则等式可改写为

$$\int_{-\infty}^{+\infty} X(f) \left[\int_{-\infty}^{+\infty} Y(\mu) \mathrm{e}^{\mathrm{i}2\pi(\mu+f)t} \, \mathrm{d}\mu \right] \mathrm{d}f$$

$$= \int_{-\infty}^{+\infty} X(f) \mathrm{e}^{\mathrm{i}2\pi f t} \left[\int_{-\infty}^{+\infty} Y(\mu) \mathrm{e}^{\mathrm{i}2\pi\mu t} \, \mathrm{d}\mu \right] \mathrm{d}f$$

$$= \int_{-\infty}^{+\infty} X(f) \mathrm{e}^{\mathrm{i}2\pi f t} y(t) \mathrm{d}f$$

$$= \int_{-\infty}^{+\infty} X(f) \mathrm{e}^{\mathrm{i}2\pi f t} \, \mathrm{d}f \cdot y(t)$$

$$= x(t) \cdot y(t)$$

即

$$\int_{-\infty}^{+\infty} \{X(f) * Y(f)\} \, \mathrm{e}^{\mathrm{i}2\pi ft} \, \mathrm{d}f = x(t)y(t) \tag{3-24}$$

可见,频域中卷积的逆傅里叶变换为时域中对应函数之积。换言之,时域中函数之积的傅里叶变换对应于频域中函数的卷积。

帕塞瓦尔定理陈述为,波的能量在时域和频域中相等。由式(3-24)可知,$x(t)x(t) = \int_{-\infty}^{+\infty} \{X(f) * X(f)\} \, \mathrm{e}^{\mathrm{i}2\pi ft} \, \mathrm{d}f$。

即 $X(f) * X(f)$ 的逆傅里叶变换为 $x^2(t)$,因而 $x^2(t)$ 的傅里叶变换为 $X(f) * X(f)$,即

$$\int_{-\infty}^{+\infty} x^2(t) \mathrm{e}^{-\mathrm{i}2\pi \eta t} \, \mathrm{d}t = X(f) * X(f) = \int_{-\infty}^{+\infty} X(f)X(\eta - f) \mathrm{d}f \tag{3-25}$$

$\eta = 0$ 时,

$$
\begin{aligned}
\int_{-\infty}^{+\infty} x^2(t) \mathrm{e}^{-\mathrm{i}2\pi \eta t} \, \mathrm{d}t &= \int_{-\infty}^{+\infty} x^2(t) \mathrm{d}t = \int_{-\infty}^{+\infty} X(f)X(-f) \mathrm{d}f \\
&= \int_{-\infty}^{+\infty} \left[\int_{-\infty}^{+\infty} x(t)\cos(2\pi ft)\mathrm{d}t - \mathrm{i}\int_{-\infty}^{+\infty} x(t)\sin(2\pi ft)\mathrm{d}t \right] \cdot \\
&\quad \left[\int_{-\infty}^{+\infty} x(t)\cos(2\pi ft)\mathrm{d}t + \mathrm{i}\int_{-\infty}^{+\infty} x(t)\sin(2\pi ft)\mathrm{d}t \right] \mathrm{d}f
\end{aligned}
\tag{3-26}
$$

即

$$\int_{-\infty}^{+\infty} x^2(t) \mathrm{e}^{-\mathrm{i}2\pi \eta t} \, \mathrm{d}t = \int_{-\infty}^{+\infty} \left[X_\mathrm{r}^2(f) + X_\mathrm{i}^2(f) \right] \mathrm{d}f = \int_{-\infty}^{+\infty} |X(f)|^2 \mathrm{d}f \tag{3-27}$$

其中,$|X(f)|^2$ 称为"功率谱"。

3.4.4 采样定理

香农 1949 年提出了采样定理:"如果一个函数 $f(t)$ 不包含高于 B 周/秒的频率,则可以用一系列时间间隔小于等于 $1/(2B)$ 秒的开关信号对 $f(t)$ 进行采样,并根据这些采样值完全恢复函数 $f(t)$"。即对一个用带通滤波器将频谱限定在 $nB \leqslant |f| < (n+1)B$ 频率范围内的时间连续模拟信号以奈奎斯特间隔 $1/(2B)$ 进行采样(其中 B 是带宽,$n \geqslant 0$ 且是整数),则信号的全部信息可以被保留。

奈奎斯特间隔通常被认为是最优的采样间隔。假设有时间连续的模拟信号的频谱是限定在基带 $|f| < B$ 范围内,如图 3-8 所示[1]。

这样可以考虑三种情况,如图 3-9 所示[1]。

图 3-8 限定在 $|f| < B$ 频率范围内基带频谱的正频率部分

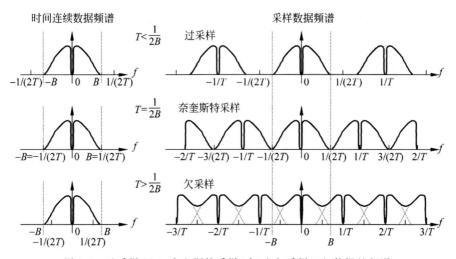

图 3-9 过采样(上)、奈奎斯特采样(中)和欠采样(下)数据的频谱

1)过采样

如果用比奈奎斯特间隔更小的采样间隔 $T < 1/(2B)$ 对连续时间模拟信号进行采样,如图 3-9 上部所示,则可以在每个单位周期内获得更多的数据点,与图 3-9 中部的奈奎斯特采样相比所包含的信息内容并未得到提高。这种以间隔 $T < 1/(2B)$ 的采样称为"过采样"。

2)欠采样

如果采样间隔大于奈奎斯特间隔,即 $T > 1/(2B)$,则在原始的连续时间模拟信号中的部分信息就会由于如图 3-9 底部所示的重叠原因而丢失,这种情况称为"欠采样"。

3)奈奎斯特采样

以奈奎斯特间隔 $T = 1/(2B)$ 进行的采样对于具有带限基带频谱的连续时间模拟信号而言,是最佳采样。

3.4.5 采样与量化

在 VLBI 观测中,各个天线接收到的信号首先被转换为模拟基带信号,然后进行数字化。原始信号经模拟-数字转换器(A/D)转换为由 1 和 0 两个数字组成的数据流,该过程称为"采样"和"量化"。采样的过程就是用时间离散的数据代替时间连续数据。对于一个完整的模拟数字转换,需要用一定数量比特表示的有限组离散值来替代每个连续时间变量。采用更高数位的量化等级则在量化后会保留更多的信息内容。然而,为了降低数据规模、提高处理速度,较少数量的比特更适合 VLBI 测量。也就是说对于特定的目标必须选择最优的量化等级。因而,在 VLBI 测量中通常采用 1 比特(2 级)或 2 比特(4 级)量化模式。

图 3-10 是原始模拟信号经过模数转换后进行 1 比特采样量化并形成比特流的表达。图 3-11 是原始模拟信号经过 2 比特量化后与原始信号的对比结果[1]。

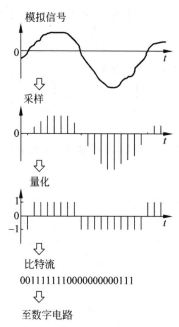

图 3-10　模数转换后的采样量化和比特流表达(1 比特量化)

在 1 比特量化方案中,截断量只有两个值:+1 和−1,分别取决于原始模拟值是正或负。通常,是用比特 0 指定为−1 的状态,比特 1 指定为+1 的状态,在截断数据中只有原始模拟信号的符号信息被保留了,而没有留下任何幅度信息,如图 3-10 所示。在 2 比特量化方案中,模拟数据中的一部分幅度信息被保留下来,但信息也是模糊的,如图 3-11 所示。表 3-2 给出了 VLBI 1 比特和 2 比特量化的截断准则和比特指定,对于 2 比特量

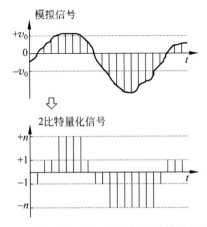

图 3-11　2 比特量化(底部)数据与原始模拟信号的对比

化,s 和 m 分别代表符号比特和幅度比特[1]。

表 3-2　**VLBI 1 比特和 2 比特量化的截断准则和比特指定**

量化	1-比特(2-级)		2-比特(4-级)			
模拟值	$x<0$	$0{\leqslant}x$	$x<-v_0$	$-v_0{\leqslant}x<0$	$0{\leqslant}x<v_0$	$v_0{\leqslant}x$
截断值	$\hat{x}=-1$	$\hat{x}=+1$	$\hat{x}=-n$	$\hat{x}=-1$	$\hat{x}=+1$	$\hat{x}=+n$
记录器的比特指定	0	1	s0,m0	s0,m1	s1,m0	s1,m1
相关器的比特指定	0	1	s1,m1	s1,m0	s0,m0	s0,m1

　　实际在 VLBI 观测中,接收到的信号是叠加了各种随机频率成分的,而 1 比特量化采样仍可以保留其相位信息。图 3-12 所示为带有噪声的正弦信号。自上而下依次是正弦波、噪声、正弦波＋噪声,最后是 1 比特量化采样的结果。从图中可以看出,当正弦波值为正时,大多数情况下的采样为 1,为负时则通常采样为 0[10]。

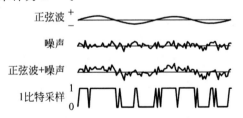

图 3-12　1 比特采样下对带有噪声的正弦信号的
相位信息提取

3.5 VLBI 测量的等效信号模型

考虑沿基线 B 分置的两个天线同时接收来自河外射电源的信号,如图 3-13 所示。忽略背景噪声和接收机噪声的影响,则在两个天线所接收到的信号可以表示为

$$V_1(t) = A_1 \cos 2\pi f_s t \tag{3-28}$$

$$V_2(t) = A_2 \cos 2\pi f_s(t - \tau_g) \tag{3-29}$$

其中,A_1、A_2 表示天线 1 和天线 2 接收到信号的强度;$\tau_g = (B\cos\psi)/c$ 是在天线 2 接收的所给定的波前端相对天线 1 的时延,c 是光速。

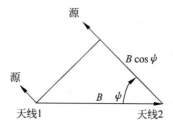

图 3-13 基线 B 分置的两个天线同时接收来自河外射电源的信号

上述信号经过如图 3-14 所示的系统进行处理[9],首先对 $V_1(t)$ 和 $V_2(t)$ 进行下变频处理。

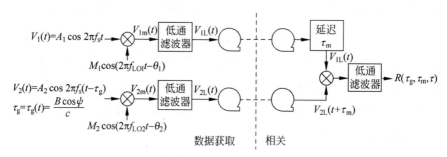

图 3-14 VLBI 等价信号模型

$$
\begin{aligned}
V_{1m}(t) &= [A_1 \cos 2\pi f_s t][M_1 \cos(2\pi f_{LO1} t - \theta_1)] \\
&= \frac{A_1 M_1}{2} \cos[2\pi(f_s - f_{LO1})t + \theta_1] + \\
&\quad \frac{A_1 M_1}{2} \cos[2\pi(f_s + f_{LO1})t - \theta_1]
\end{aligned} \tag{3-30}
$$

$$V_{2m}(t) = \left[A_2 \cos 2\pi f_s(t - \tau_g) \right] \left[M_2 \cos(2\pi f_{LO2}t - \theta_2) \right]$$

$$= \frac{A_2 M_2}{2} \cos \left[2\pi (f_s - f_{LO2})t - 2\pi f_s \tau_g + \theta_2 \right] +$$

$$\frac{A_2 M_2}{2} \cos \left[2\pi (f_s + f_{LO2})t + 2\pi f_s \tau_g - \theta_2 \right] \tag{3-31}$$

其中，f_{LO1} 和 f_{LO2} 分别表示天线 1 和天线 2 的本振频率；

M_1 和 M_2 分别表示天线 1 和天线 2 的本振频率信号幅度；

θ_1 和 θ_2 分别表示天线 1 和天线 2 的本振和接收机引起的相位漂移。

信号经过低通滤波器之后（假设滤波器增益为 1，频率和项被滤除），在天线 1 和天线 2 记录的信号分别为

$$V_{1L}(t) = \frac{A_1 M_1}{2} \cos \left[2\pi (f_s - f_{LO1})t + \theta_1 \right] \tag{3-32}$$

$$V_{2L}(t) = \frac{A_2 M_2}{2} \cos \left[2\pi (f_s - f_{LO2})t - 2\pi f_s \tau_g + \theta_2 \right] \tag{3-33}$$

在相关处理中，将天线 2 的记录信号补偿一个接近所期望几何时延的预测值 τ_m 得到 $V_{2L}(t + \tau_m)$，然后与 $V_{1L}(t)$ 相乘并进行低通滤波。

$$V_{2L}(t + \tau_m) = \frac{A_2 M_2}{2} \cos \left[2\pi (f_s - f_{LO2})(t + \tau_m) - 2\pi f_s \tau_g + \theta_2 \right]$$

$$= \frac{A_2 M_2}{2} \cos \left[2\pi (f_s - f_{LO2})t + 2\pi (f_s - f_{LO2})\tau_m - 2\pi f_s \tau_g + \theta_2 \right] \tag{3-34}$$

则 $V_{1L}(t)$ 与 $V_{2L}(t + \tau_m)$ 的乘积经过低通滤波后，可以得到互相关函数 $R(\tau_g, \tau_m, t)$：

$$R(\tau_g, \tau_m, t) = V_{1L}(t) V_{2L}(t + \tau_m)$$

$$= \frac{A_1 A_2 M_1 M_2}{8} \cos \left[2\pi (f_{LO2} - f_{LO1})t - 2\pi (f_s - f_{LO2})\tau_m + 2\pi f_s \tau_g + \theta_1 - \theta_2 \right]$$

$$= K \cos \phi_f(t) \tag{3-35}$$

其中，$K = \dfrac{A_1 A_2 M_1 M_2}{8}$，$\phi_f(t) = 2\pi (f_{LO2} - f_{LO1})t - 2\pi (f_s - f_{LO2})\tau_m + 2\pi f_s \tau_g + \theta_1 - \theta_2$。

互相关函数进一步处理，可以获得基本的 VLBI 数据类型时延 τ_g 和时延率 $\dot{\tau}_g$，则 $\phi_f(t)$ 可以写成以下形式：

$$\phi_f(t) = 2\pi(f_{LO2} - f_{LO1})t + 2\pi f_s \Delta\tau + 2\pi f_{LO2}\tau_m + \theta_1 - \theta_2 \quad (3\text{-}36)$$

其中，$\Delta\tau = \tau_g - \tau_m$。

3.6　相关处理过程

3.6.1　相关处理原理

在 VLBI 观测数据处理中应用互相关技术，即对于两个天线接收信号，将一信号相对于另一信号按时间进行平移，从而确定两信号的相似程度。达到最大相关时所对应的时间平移量就提供了信号到达天线接收时刻之差的信息，如图 3-15 所示[10]。相关处理是一个仔细搜索的过程，相关器通过寻找最强相干条纹，提取信号相关强度，进而提取观测信息。

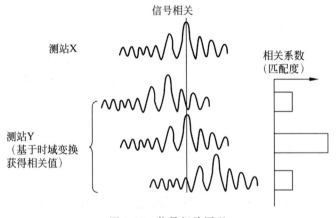

图 3-15　信号相关原理

VLBI 数据处理包括观测数据压缩和信息提取。在积分阶段，吉字节量级的数据被压缩为字节量级的信息，同时要求保留有效信息，如图 3-16 所示[10]。

通常 VLBI 数据不是实时相关处理，而是先记录在磁带或磁盘上，或通过高速网络传输，然后在 VLBI 相关器进行处理。因此，对于来自不同台站的数据流的精确同步就是 VLBI 相关器的一项重要功能。

可以认为 VLBI 相关器是具备射电源跟踪能力的"乘法器＋积分器"。将式(3-28)和式(3-29)相乘，得

$$V_1(t)V_2(t) = A_1 A_2 \cos(2\pi f_s t)\cos[2\pi f_s(t - \tau_g)]$$
$$= \frac{A_1 A_2}{2}[\cos(4\pi f_s t - 2\pi f_s \tau_g) + \cos(2\pi f_s \tau_g)] \quad (3\text{-}37)$$

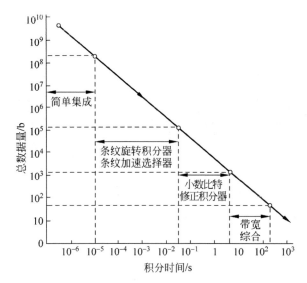

图 3-16　VLBI 数据压缩处理过程

忽略高阶项后,有

$$V_1(t)V_2(t) = \frac{A_1 A_2}{2}\cos(2\pi f_s \tau_g) \tag{3-38}$$

　　式(3-38)表示的是一个天空中的正弦干涉条纹图形,参数 $2\pi f_s \tau_g$ 会随着射电源在天空中的方向变化(由地球自转引起的)而变化。由于 $2\pi f_s \tau_g = 2\pi c \tau_g / \lambda$,正如标准干涉理论的预期一样,当时延路径长度 $c\tau_g$ 的变化为 $\lambda/2$ 时就会引起条纹图形的符号反转。条纹图形中两个连续峰值之间的距离所对应的角距称为"条纹间隔"。

　　将具有一定频率差的多个单频信号进行叠加,扩展成有一定带宽的信号,其干涉条纹图结果与单个频率信号的干涉条纹图对比,如图 3-17 所示。图中是带宽 B 在中心角频率 $\omega_s = 2\pi f_s$ 10% 内的 11 个单频波条纹图(a)及其叠加后的条纹图(b),图 3-17 中两个图的横坐标都是几何时延 τ_g 和带宽 B 的乘积($-2 \leqslant B\tau_g \leqslant 2$),其中图(b)中显示快速振荡被一个更慢变化的包络所围绕[1]。

　　来自射电源带宽为 B 的白噪声信号在相关器输出如图 3-18 所示[1]。可以看出这是一个具有 sinc 函数形式包络的"条纹图"(fringe pattern),在 $\tau_g = 0$ 时有最大值。这种从带限白噪声谱获得的封闭的条纹图形被称为"白条纹"。图 3-19 给出了白条纹的基本特征[1]。封闭的快速振荡的条纹图形包络称为"带宽图"(bandwidth pattern)。只要噪声信号是带限信号,

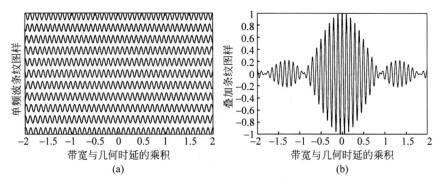

图 3-17 带宽在中心频率 10％内的 11 个单频波条纹图(a)

及其叠加后的条纹图(b)

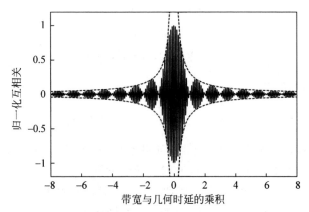

图 3-18 带宽 B 等于中心频率的 10％(实线)的矩形频带

噪声信号的归一化的白条纹

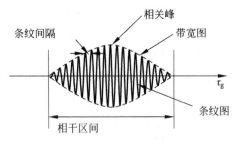

图 3-19 白条纹的基本特征

在带宽图形包络内获得的有限几何时延范围内的干涉条纹幅度就是有限的。这种条纹图形具有有限幅度的限定几何时延范围 $\Delta\tau_B$ 称为"相干区间"(coherence interval),通常用 $\Delta\tau_H = 2/B$ 表示,其中 B 为信号带宽。从几何时延的角度,条纹间隔(fringe spacing)$\Delta\tau_F = 1/f_0$(f_0 为噪声信号中心频率)。带宽图的峰值就称为"相关峰"(correlation peak)。

可以看出,基于一个简单的无线电干涉仪模型,只有当这个射频源在白条纹的"相干区间"内,即在两个天线上一个来自射电源的同一波前到达时间之间的时延大约为零的一定范围内,才可以检测到一个射频源。从几何时延的角度"相干区间"$\Delta\tau_B = 2/B$(其中 B 是接收信号的带宽),对应于天空中一个特定的角度范围 $\Delta\theta_B$,如图 3-20 所示[1]。对于一个与垂直于基线的平面夹角为 θ 的射电源,相对于基线长度为 D 的干涉仪的几何时延 τ_g 为

$$\tau_g = \frac{D\sin\theta}{c} \tag{3-39}$$

$$\theta = \arcsin\left(\frac{c\tau_g}{D}\right) \tag{3-40}$$

其中,c 为光速,因此角度范围 $\Delta\theta_B$ 为

$$\Delta\theta_B = 2\arcsin\left(\frac{c\Delta\tau_B}{2D}\right) \approx \frac{c\Delta\tau_B}{D} = \frac{2c}{DB} \tag{3-41}$$

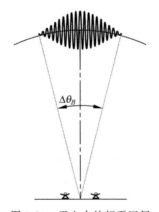

图 3-20　天空中的相干区间

由式(3-41)可以看出,"相干区间"所对应于天空中的一个角间距,其与基线长度和带宽的乘积成反比,对于 VLBI 来说,这个角间距通常非常窄。因此,准确地知道射电源的位置和基线向量的准确坐标对于成功地预测和补偿时延,在 VLBI 测量中是非常重要的,这样就能够在非常窄的相干区间内检测到干涉条纹。

由于每个射电源的日运动穿过天空中具有非常短条纹间隔的密集条纹

图,式(3-38)中的余弦项的相位 $2\pi f_s \tau_g$ 就会产生非常快的变化。因此,相关器的输出信号也一定会非常快速地振荡。这样就使得在一个足够长的时间内对乘法器的输出进行积分,以获得足够高的信噪比来检测白条纹几乎不可能。因为,这种振荡信号的时间平均(积分)的结果接近为零。所以,需要干涉仪对这种快速的相位变化进行补偿或者使其停止。

VLBI 相关处理过程中为了补偿相关器输出的几何时延和快速相位变化所做的处理分别被称为"时延跟踪"和"条纹停止",如图 3-21 所示。

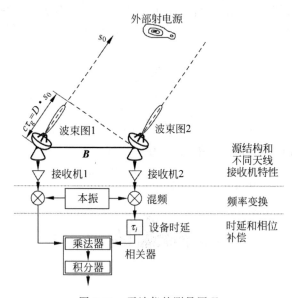

图 3-21 干涉仪的测量原理

在讨论时延跟踪和条纹停止之前,先估计一下对几何时延 τ_{g0} 及其变化率 $\dot{\tau}_{g0}$ 的范围和理论预测所要求的精度。定义 $\boldsymbol{B}$ 是两天线之间的基线矢量,$\hat{s}$ 是在源方向上的单位矢量,则由于地球自转引起的几何时延 τ_{g0} 及其变化率 $\dot{\tau}_{g0}$ 可以表示为

$$\tau_{g0} = \frac{\boldsymbol{B} \cdot \hat{s}}{c} \tag{3-42}$$

$$\dot{\tau}_{g0} = \frac{\boldsymbol{B} \cdot \dot{\hat{s}}}{c} = \frac{(\boldsymbol{\omega} \times \boldsymbol{B}) \cdot \hat{s}}{c} \tag{3-43}$$

其中,$\boldsymbol{\omega}$ 为地球自转角速度矢量($|\boldsymbol{\omega}| \approx 7.3 \times 10^{-5}$ rad/s),c 为光速($c \approx 3 \times 10^8$ m/s)。如图 3-22 所示,按照地球半径 $R_\oplus = 6300$ km 考虑,VLBI 最大几何时延和时延变化率为

$$\tau_{\mathrm{gmax}} = \frac{\boldsymbol{B}}{c} = \frac{R_{\oplus}}{c} = 21\,\mathrm{ms} \tag{3-44}$$

$$\dot{\tau}_{\mathrm{gmax}} = \frac{\boldsymbol{\omega} \boldsymbol{B}}{c} = \frac{2R_{\oplus} \boldsymbol{\omega}}{c} \approx 3.1\,\mu\mathrm{s/s} \tag{3-45}$$

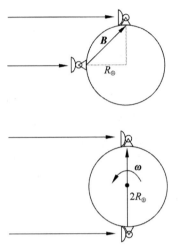

图 3-22　VLBI 最大几何时延和最大时延变化率的发生条件

　　对于深空测控频段上的 2.2GHz、8.4GHz 和 32GHz 频率,由于射电源穿过条纹图的日运动引起的相关器输出的振荡会随工作频率变化,由式(3-45)可知时延变化可以分别达到 2.2GHz×3.1×10^{-6}=6.82kHz、8.4GHz×3.1×10^{-6}=26.04kHz、32GHz×3.1×10^{-6}=99.2kHz。这种情况下,无法对乘法器的输出进行积分,必须要将这种振荡停止。因此,时延跟踪和条纹停止是几何时延补偿的主要方法。

　　通常用适当理论预测的时变几何时延来确定测量时延的长度和变化率,用于实际的时延跟踪和条纹停止。这里将几何时延 τ_{g0} 的理论预测传统上标记为 τ_{m},称为"测量时延"。为了在带宽图峰值附近获得白条纹,实际几何时延 τ_{g0} 和预测的测量时延 τ_{m} 之差(称为"残留时延")必须远小于相干区间 $\Delta\tau_B = 2/B$,其中 B 为观测带宽。

$$\Delta\tau_{\mathrm{g}} = \tau_{\mathrm{g0}} - \tau_{\mathrm{m}} \tag{3-46}$$

$$\Delta\tau_{\mathrm{g}} \ll \Delta\tau_B = \frac{2}{B} \tag{3-47}$$

　　为了使相关器的乘法器输出在一段时间内进行有效的积分,以获得足够高的信噪比,必须有准确的理论模型 $\tau_{\mathrm{m}}(t)$ 来补偿几何时延 τ_{g0} 随时间的变化。如果积分时间为 τ_a，观测频率为 f_s，则要实现有效积分所要求的 $\Delta\dot{\tau}_g = (\dot{\tau}_{g0} - \dot{\tau}_m)$ 通常由式(3-48)给出：

$$2\pi f_s \Delta\dot{\tau}_g \tau_a \leqslant 1 \tag{3-48}$$

$$\Delta\dot{\tau}_g \leqslant \frac{1}{2\pi f_s \tau_a} \tag{3-49}$$

相关器的主要功能是计算 VLBI 天线数据的复可见度函数或者互功率谱。根据处理过程中执行傅里叶变换（F）与交叉相乘（X）积分的顺序，相关器有 FX、XF 两种类型，如图 3-23 所示。XF 型相关器是一种常规的相关器，它对接收信号进行相乘和平均。XF 相关器的输出是互相关的，将其进行傅里叶变换可以计算出互功率谱。而 FX 型相关器相乘和平均是通过前端专门的数字信号处理单元获取的接收信号的傅里叶变换。互功率谱是在 FX 相关器的输出端直接得到，而互相关结果是从互功率谱经过傅里叶逆变换计算得到的。傅里叶变换理论保证了 XF 和 FX 相关器输出结果是等效的。得益于快速傅里叶变换算法的灵活使用，FX 相关处理器随着台站数量的增加会变得更加高效。

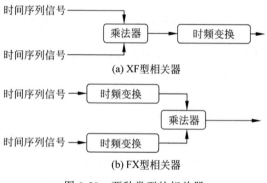

图 3-23　两种类型的相关器

FX 型相关器将时延补偿、条纹旋转和相位补偿等复杂计算过程基于台站模式上进行计算，采用快速傅里叶变换（FFT）提高计算速度。而 XF 型相关器的计算是基于基线模式的，在台站数较多时，计算复杂度要大大高于 FX 型。过去的硬件处理机采用硬件实现对低量化比特数据的时域相关，XF 方式因计算实现简单，被广泛采用。FX 型在浮点计算精度上要优于 XF 型相关器。目前国际上绝大部分软件相关器都基于 FX 型研发。图 3-24 比较了 XF 型和 FX 型相关处理计算复杂度的差异，其中 n_s 代表台站数，n_t 为每段计算数据采样点长度[11]。

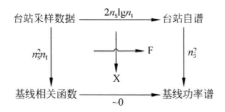

图 3-24　FX 和 XF 型处理机理论计算量比较

带限信号可以通过一个滤波器组分解成不同的谱分量。谱线的可视性是通过之后每个滤波器输出的利用复相关器的分别互相关获得的,如图 3-25 所示[12]。图 3-26 是一个典型的 FX 型相关器,模拟电压信号$V_1(t)$和 $V_2(t)$ 首先是通过 ADC(模数转换)进行数字化,然后在样本积分步骤对几何时延(整数部分时延)进行补偿。整数部分时延补偿样本与 NCO(数控振荡器)输出相乘用于条纹停止。来自各个天线的采样通过 FFT 模块来实现一个滤波器组。傅里叶变换之后相位变化率被用于小数部分时延补偿。谱可视性是通过一个天线的谱分量与另一个天线对应的谱分量相乘来测量的。然后将其进行一定时间的积分从而得到互相关的估计值。因为,傅里叶变换是在相乘之前,所以称其为"FX 型相关器"。对于使用 FX 型相关器的连续观测,从全部谱分量测量的可见度可以在带通校准后被平均。

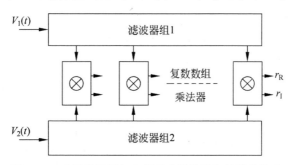

图 3-25　采用滤波器组和复乘法器的谱相关器的构成

XF 型相关器结构如图 3-27 所示。图中小数部分时延是通过调整采样时钟的相位来补偿的。时延补偿之后,利用时延线和乘法器(后接积分器)对不同时延的互相关进行测量。因为互相关函数通常不是 τ 的偶函数,这样进行时延补偿时在相关器中相关函数的测量需要包含 τ 正负值。信号的零时延自相关也要进行测量,被用于互相关的归一化。(框图中标记为 F 的模块)量化修正接下来用于归一化互相关。通过修正的互相关函数进行 DFT(离散傅里叶变换)获得互功率谱。这种实现方式的特征是首先进行

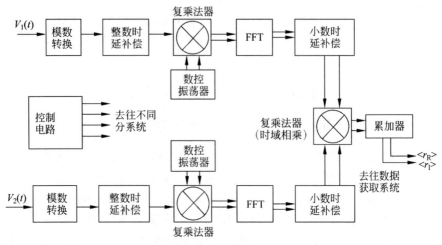

图 3-26 典型的 FX 型相关器的结构

相关,然后进行傅里叶变换,从而得到谱信息,因此称为"XF 型相关器"。

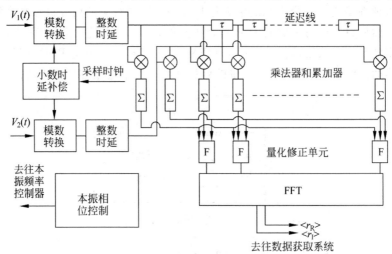

图 3-27 典型的 XF 型相关器的结构

XF 型相关器的处理速度快,常在测地 VLBI 中采用。由于白噪声相关函数由尖峰组成(纯白噪声时,自相关为 1,其他为 0),因而 XF 相关机可以预设较少的时延补偿级。

如图 3-28 所示,1 比特采样时间序列首先通过或非(NOR)门,当对应字节相同时其输出为 1,否则为 0[1]。如图 3-29 所示,每当 NOR 门输出值为 1 时,积分器的计数器便增加 1[10]。

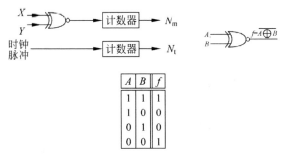

图 3-28 或非门原理图及真值表

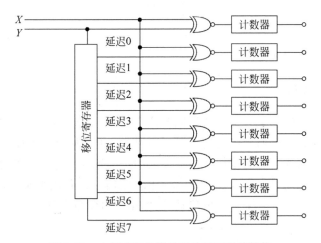

图 3-29 八级时延补偿的相关处理机的结构

在相关处理中,来自两个站的数据必须同步,磁带所记录的数据必须在每个站以精确相同的速度读出。因此,这个单元被称为"解码器",功能是从磁带回放的数据中提取时间标记码,并发送至控制计算机。控制计算机对这些码进行对比,并发送指令到记录处理单元从而控制"副站"(标注为 Y 站)的磁带记录数据回放的速度,直到其时间码与标注为 X 站的"主站"同步读取,如图 3-30 所示。

这种功能在磁盘记录器中则不需要。通常用一个时间常量和一个时间变量的和来表示理论预测的测量时延。对目标源的一个扫描周期内所选择的测量时延的时间常量部分通常远远大于时间变量部分,在该阶段,通过调整回放数据时标码的方式来实现常数时延的补偿。因此,在数据同步阶段就能够进行部分时延跟踪了。

与此同时,主站的译码器产生定时脉冲(或时钟脉冲),将其调整到主记

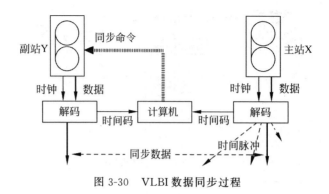

图 3-30　VLBI 数据同步过程

录的数据速率,并将这些定时脉冲发送到相关器的所有单元,以使相关器单元的运行与数据速率同步。

3.6.2　时延跟踪

理论预测的测量时延在数据同步之后被插入记录中来完成时延跟踪。而残留时延的常数部分仍远远大于时变部分,通常利用一个环形缓冲存储器来插入常数部分。数据在环形缓存区的不同地址以对应预测时延常数部分的一个恒定间隔来写入和读取,如图 3-31 所示。每次数据样本到达时,写地址和读地址都一个一个地移动(图中是顺时针方向移动)[1]。

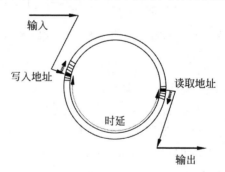

图 3-31　环形缓冲存储器吸收时延的过程

如图 3-32 所示,相关处理机将两列时间序列信号之一读入缓冲区(移位寄存器),而后依次更换读取地址[10]。对于台站以磁带/磁盘形式记录数据的情况,经回放后的信号被送入信号同步系统,以消除大的时延偏差,之后缓冲区做精细调节并跟踪时延。对于实时 VLBI,数据直接传送至相关处理机,缓冲区必须足够大以容纳几何时延与传输时延之内的数据,这取决于数据采样速率和时延采用值。

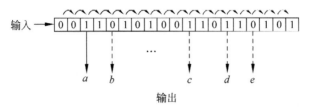

输出

图 3-32　移位寄存器中的时延跟踪输出
地址对应于时延改变

测量时延的时变部分通过一个可编程时延电路插入记录中。这是一个带有可编程写地址的小环形缓冲区,如图 3-33 所示。为了能够跟上理论预测时延的时间变化,写地址在计数一定数量的时钟脉冲到达后,周期性地转移到下一个地址[1]。

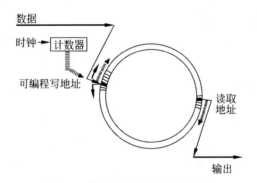

图 3-33　可编程时延跟踪的过程

在数字化的相关器中,时延跟踪只能通过步进等于采样间隔 t_s 的跳变来离散地进行。因此,在预测时延 τ_m 随 t_s 变化期间($\dot{\tau}_m \Delta t = t_s$),随着每经过一个间隔时间 Δt,可编程时延电路的写地址都会发生移位。地址的移位在 $\Delta t/t_s = 1/\dot{\tau}_m$ 个采样内发生一次,如图 3-34 所示[1]。对于地球表面最大的时延率 $\dot{\tau}_{max} = 3.1\mu s/s$,这种移位间隔约为 300 000 个采样。测量时延的这种步进变化并没有完全跟随实际时延进行平滑变化,因此会造成一定的相关性损失。为了使这种损失最小化,当预测时延的平滑变化与步进变化之间的差值达到 $t_s/2$ 时,就会调整移位时间。

在 VLBI 中存在的相关性损失的另一个原因就是由相关处理中所使用的理论预测时延(也称为"测量时延"或"时延模型")不完整带来的。

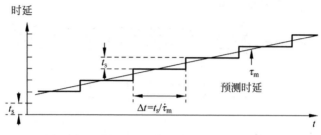

图 3-34 可编程时延电路中的步进式时延跟踪

3.6.3 条纹停止

地球自转会导致时延的不断变化,因而相关处理中必须考虑对这一效应的补偿,以保持两个地面台站接收信号的相关性。地球自转也会造成接收信号相位差的改变,通常称为"条纹反转"。地球自转对信号频率的影响可视为多普勒效应。条纹反转通过"条纹停止"来进行修正。

当一个目标在天空中被跟踪时,相位就会旋转。为了"停止"相位旋转,对本振的相位进行调整,使条纹频率降低至接近于零。这就使得条纹图案可以在靠近中心的最大值处测量。当希望一个物体的条纹停止时,必须使用一个复杂的相关器。

这通过测量的自然条纹率与一个振荡正弦波的混频来实现,该正弦波与已知基线长度和方向的预测相位中心条纹率相对应。因此,这不是完整的条纹率,而是实际条纹率与预测条纹率之间的差频。如果很好地预测了条纹率,则可以实现在更长的时间尺度上进行积分。条纹停止通常是通过改变本振的相位,使得直接从天线接收到的中频信号下变频至一个可以数字化的频率。在地平线附近的条纹率可能接近于零;条纹率在天顶方向接近最大值(最大条纹率的准确位置取决于观测的纬度)。

一种称为"条纹旋转器"的装置通过应用基于预测时延的理论校正,来阻止条纹相位随时间的快速变化。为此,VLBI 相关器中采用正弦波函数相乘来停止条纹,如图 3-35 所示[1]。

条纹旋转器产生标准的余弦和正弦信号 $2\cos\Phi$ 和 $2\sin\Phi$,参数 $\Phi = 2\pi f_{LO1}\tau_m$。理论预测值 τ_m 由控制计算机给出。

来自 X 站和 Y 站的记录信号 $V_1(t)$ 和 $V_2(t)$ 都被分成了两个完全一样的分支记录。$V_1(t)$ 的一个分支记录乘上一个余弦信号 $2\cos\Phi$,另一个分支则乘上一个正弦信号 $2\sin\Phi$。余弦信号和正弦信号的乘法实现了复相关中必要的 90°移相。来自 X 站的一个 $V_1(t)$ 记录信号与余弦信号相乘之后,送

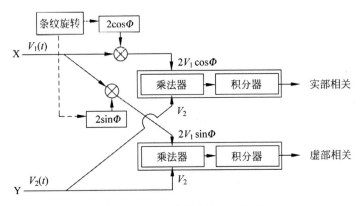

图 3-35 VLBI 相关器的时延校正

到一个"实相关单元",在这个单元与余弦信号相乘的 $V_1(t)$ 记录信号再与来自 Y 站的一个 $V_2(t)$ 分支记录信号相乘,并对乘积进行积分。另一个 $V_1(t)$ 记录信号与正弦信号相乘之后,送到一个"虚相关单元",在这个单元与正弦信号相乘的 $V_1(t)$ 记录信号再与来自 Y 站的一个 $V_2(t)$ 分支记录信号相乘,并对乘积进行积分。

由式(3-18)可知,$V_1(t)$ 和 $V_2(t)$ 的互相关函数为

$$R(\tau_g, \tau_m, t) = \langle V_1(t)V_2(t) \rangle = K\cos\phi_f(t) \tag{3-50}$$

其中,$\phi_f(t) = 2\pi(f_{LO2} - f_{LO1})t + 2\pi f_s\Delta\tau + 2\pi f_{LO2}\tau_m + \theta_1 - \theta_2$。

则相关器输出的 $2V_1(t)\cos\Phi$ 和 $V_2(t)$ 的乘积的相关结果为

$$
\begin{aligned}
2\langle V_1(t)V_2(t)\rangle\cos\Phi &= 2K\cos\phi_f(t)\cos\Phi \\
&= K\{\cos[\phi_f(t) + \Phi] + \cos[\phi_f(t) - \Phi]\} \\
&= K\{\cos[2\pi(f_{LO2} - f_{LO1})t + 2\pi f_s\Delta\tau + \\
&\quad 2\pi f_{LO2}\tau_m + \theta_1 - \theta_2 + 2\pi f_{LO1}\tau_m] + \\
&\quad \cos[2\pi(f_{LO2} - f_{LO1})t + 2\pi f_s\Delta\tau + \\
&\quad 2\pi f_{LO2}\tau_m + \theta_1 - \theta_2 - 2\pi f_{LO1}\tau_m]\} \\
&= K\{\cos[2\pi(f_{LO2} - f_{LO1})t + 2\pi f_s\Delta\tau + \\
&\quad 2\pi(f_{LO2} + f_{LO1})\tau_m + \theta_1 - \theta_2] + \\
&\quad \cos[2\pi(f_{LO2} - f_{LO1})t + 2\pi f_s\Delta\tau + \\
&\quad 2\pi(f_{LO2} - f_{LO1})\tau_m + \theta_1 - \theta_2]\} \tag{3-51}
\end{aligned}
$$

通常,各个接收天线的总本振频率是相同的,即式中 $f_{LO1} \approx f_{LO2} = f_{LO}$,令 $\theta_1 - \theta_2 = \theta_r$ 则式(3-51)可以简化为

$$2\langle V_1(t)V_2(t)\rangle\cos\Phi = 2K\cos\phi_f(t)\cos\Phi$$
$$= K\left[\cos(2\pi f_s\Delta\tau + 4\pi f_{\mathrm{LO}}\tau_\mathrm{m} + \theta_\mathrm{r}) + \right.$$
$$\left.\cos(2\pi f_s\Delta\tau + \theta_\mathrm{r})\right] \tag{3-52}$$

同理，$2V_1(t)\sin\Phi$ 和 $V_2(t)$ 乘积的相关结果为

$$2\langle V_1(t)V_2(t)\rangle\sin\Phi = 2K\cos\phi_f(t)\sin\Phi$$
$$= K\{\sin[\phi_f(t)+\Phi] - \sin[\phi_f(t)-\Phi]\}$$
$$= K\left[\sin(2\pi f_s\Delta\tau + 4\pi f_{\mathrm{LO}}\tau_\mathrm{m} + \theta_\mathrm{r}) - \right.$$
$$\left.\sin(2\pi f_s\Delta\tau + \theta_\mathrm{r})\right] \tag{3-53}$$

而在这两个相关单元的积分器中，引起快速振荡的辐角 $4\pi f_{\mathrm{LO}}\tau_\mathrm{m}$ 项导致时间平均几乎是无效的，只留下接近停止振荡的辐角 $2\pi f_s\Delta\tau$ 项。因此，实相关和虚相关单元预期的输出为

$$\begin{cases} K\cos(2\pi f_s\Delta\tau + \theta_\mathrm{r}), & \text{实相关} \\ -K\sin(2\pi f_s\Delta\tau + \theta_\mathrm{r}), & \text{虚相关} \end{cases} \tag{3-54}$$

因而，通过条纹旋转器和实相关、虚相关单元的结合，就能够很好地进行条纹停止和复相关，并可以估计出条纹幅度 K 和条纹图的残留条纹相位 $(2\pi f_s\Delta\tau + \theta_\mathrm{r})$。

3.6.4 相位校准信号

在 VLBI 测量中，观测设备未知或者不稳定的相移都会导致观测相位的恶化。这种相移的影响降低了干涉测量精度并使时钟同步恶化。为了校准这些观测设备本身所引入的相移，相位校准技术得到了发展。大部分设备相位误差带来的影响可以利用相位校准系统来补偿（利用"相位校准器"来消除）。所采取的方法就是在设备前端注入一组校准侧音信号，这些侧音信号的频率间隔相同并且是由统一的系统频率标准源分频得到的，信号经过观测设备后检测其相位。

这样一组在通带内均匀分布的恒定频率侧音构成的校准信号，在靠近观测设备的前端以较低的功率被注入，并插入射电源观测数据中。在相关器中，每个侧音都通过一个频率与其基带频率相近的正交正弦信号与每个单站的比特流进行数字混合并被反转到接近零频。在最终的侧音相位被提取并进行站间差分后再从干涉仪的条纹相位中扣除。由于侧音经受了与自然源信号相同的观测设备影响，在注入点和记录器之间的观测设备影响在最终的差分中就抵消了。

停止侧音相位的模型是按以下流程开发的：①从相位校准时钟到注入

点；②从注入点到记录器；③经过数据简化程序。图 3-36 是简化的观测设备框图，用于说明信号经过观测设备的过程。

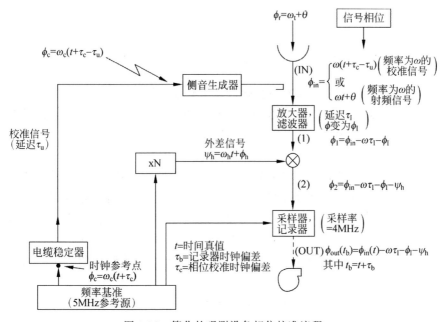

图 3-36　简化的观测设备相位校准流程

如图 3-36 所示，"记录器时钟"是在磁带或磁盘中用二进制数比特来记录的[13]。这个比特时间由真实时间给出。

$$t_b = t + \tau_b \qquad (3\text{-}55)$$

其中，τ_b 是记录时钟的误差。

"相位校准时钟"以观测站频率标准输出的 5MHz 参考信号进入相位校准设备最近点为基准。这一参考点的相位由实际频率给出。

$$\phi_c = \omega_t(t - t_0) \qquad (3\text{-}56)$$

其中，t_0 是参考时间。假设相位 ϕ_c 在参考点进行测量，相位校准时间可定义为

$$t_c = \phi_c / \omega_c \qquad (3\text{-}57)$$

其中，假设在 ϕ_c 为 0 时，t_c 为 0。如果标称频率与真实频率关系如下：

$$\omega_c = \omega_t + \Delta\omega_c \qquad (3\text{-}58)$$

则相位校准时间和实际时间的关系为

$$t_c = t + \tau_c \qquad (3\text{-}59)$$

其中，相位校准时钟的误差为

$$\tau_c = \frac{\Delta\omega_c}{\omega_t}(t - t_0) - t_0 \tag{3-60}$$

通常，ω_c 与 ω_t 之差都小于 $10^{-11[13]}$。

在图 3-36 中时钟参考点（相位校准时钟）的信号相位，给出的真实时间和标称的频率形式为

$$\phi_c = \omega_c(t + \tau_c) \tag{3-61}$$

其中，①钟差 τ_c 在式（3-60）中明确；②真实的时间 t 对于两个观测站点是相同的；③侧音频率在相关器中根据标称频率 ω_c 估算得出。信号经过电缆将会有一个时延 τ_u，所以它进入到侧音生成器时的相位为

$$\phi_c = \omega_c(t + \tau_c - \tau_u) \tag{3-62}$$

"理想"侧音生成器将通常输入的"5MHz"参考频率信号通过检测正向过零点转换为图 3-37 所示的矩形脉冲[13]。通过消减脉冲的形式来获取比 5MHz 更低的重复频率。被传递的重复频率将用 ω_p 来表示，侧音频率是基本重复频率 ω_p 的谐波。侧音生成器的输出能够被分解成它的谐波形式，将会以 $n\omega_p$ 形式给出。在注入点上 n 次校准谐波侧音的相位给出形式为

$$\phi_n = \omega_n(t + \tau_c - \tau_u) \tag{3-63}$$

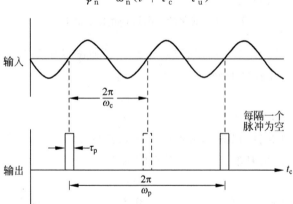

图 3-37 "理想"侧音生成器的输入与输出信号

注入之后，校准侧音与自然源信号一起经过各种滤波器和混频器，直到它们到达带宽在 2MHz 范围内的基带设备。对观测站 j，所有观测设备中间的相位影响可以分为三大类，第一类是总的混频信号影响，可以表示为 $\omega_{hj}t_j + \phi_{hj}$，其中 ω_{hj} 是总的混频频率，ϕ_{hj} 是总的混频相位。包括了经过各种滤波器所引起的有效群时延在内的总群时延用 τ_{Ij} 表示，群时延之外的全

部相移用总相移 ϕ_{Ij} 表示。给定这些定义后,在基带的侧音相位就等于结合了这三项的注入相位(式(3-64))。

$$\phi_{nj}(t_{\mathrm{bj}}) - \omega_n(t_{\mathrm{j}} + \tau_{\mathrm{cj}} - \tau_{\mathrm{uj}}) - \omega_{\mathrm{hj}}t_{\mathrm{j}} - \phi_{\mathrm{hj}} - \omega_n\tau_{\mathrm{Ij}} - \phi_{\mathrm{Ij}}(\omega_n) \quad (3\text{-}64)$$

其中,t_{j} 是对应比特时间 t_{bj} 的实际时间。

所有被记录的侧音在相同时间进行处理。相关器利用每个校准侧音基带频率的最佳估计来分别把同一比特流中各个侧音"条纹停止"。也就是说,实际上相关器将会减去第 n 阶侧音的相位,这个相位为

$$\psi_{nj} = (\omega_n - \omega'_{\mathrm{hj}})t_{\mathrm{bj}} = (\omega'_n - \omega'_{\mathrm{hj}})(t_{\mathrm{j}} + \tau_{\mathrm{bj}}) \quad (3\text{-}65)$$

其中,ω'_{hj} 是在站 j 混频频率的最佳估计,t_{bj} 是在站 j 的比特时间。

站 j 的停止侧音相位变为

$$\begin{aligned}
\Delta\phi_{\mathrm{j}}(\omega_n) &= \phi_{nj} - \psi_{nj} \\
&= \omega_n(\tau_{\mathrm{tj}} - \tau_{\mathrm{bj}}) - \omega_n\tau_{\mathrm{Ij}} - \phi_{\mathrm{Ij}}(\omega_n) - \Delta\phi_{\mathrm{hj}} \quad (3\text{-}66)
\end{aligned}$$

其中,停止的混频相位形式为

$$\Delta\phi_{\mathrm{hj}} = \omega_{\mathrm{hj}}t_{\mathrm{j}} + \phi_{\mathrm{hj}} - \omega'_{\mathrm{hj}}t_{\mathrm{bj}} \quad (3\text{-}67)$$

这就导出了希望得到的停止侧音相位的形式,体现了由观测设备和相关器处理过程所带来的影响。

令在观测站 i 的校准信号注入点接收射频信号为

$$V_{\mathrm{i}}(t) \propto \cos(\omega t + \theta) \quad (3\text{-}68)$$

其中,t 是实际时间,ω 是射频频率。在观测站 j 对应的相位将会延迟一个几何时延 τ'_{g}(参考到侧音注入点),有

$$V_{\mathrm{j}}(t) \propto \cos[\omega(t - \tau'_{\mathrm{g}}) + \theta] \quad (3\text{-}69)$$

将式(3-64)的校准信号引入,则测量设备对上述两信号到基带中所引起的各种相位影响为

$$V_{\mathrm{i}}(t) \propto \cos[\omega t + \theta - \omega_{\mathrm{hi}}t - \phi_{\mathrm{hi}} - \omega\tau_{\mathrm{Ii}} - \phi_{\mathrm{Ii}}] \quad (3\text{-}70)$$

$$V_{\mathrm{j}}(t) \propto \cos[\omega(t - \tau'_{\mathrm{g}}) + \theta - \omega_{\mathrm{hj}}t - \phi_{\mathrm{hj}} - \omega\tau_{\mathrm{Ij}} - \phi_{\mathrm{Ij}}] \quad (3\text{-}71)$$

这些信号接下来在各个站按照记录器时标(比特时间)进行采样和记录,当这些记录的信号在一起进行处理时,相关器在测站 j 将以一个模型时延 τ_{m} 来偏移信号,然后再将两个信号相乘,得到

$$\begin{aligned}
V_{\mathrm{i}}(t_{\mathrm{bi}})V_{\mathrm{j}}(t_{\mathrm{bj}} + \tau_{\mathrm{m}}) &\propto \cos[\omega(\tau'_{\mathrm{g}} + \tau_{\mathrm{b}} + \tau_{\mathrm{I}} - \tau_{\mathrm{m}}) + \\
&\quad \phi_{\mathrm{I}} + \Delta\theta_{\mathrm{h}} + \omega_{\mathrm{hj}}\tau_{\mathrm{m}}] \quad (3\text{-}72)
\end{aligned}$$

其中,

$$\Delta\theta_{\mathrm{h}} = \omega_{\mathrm{hj}}t_{\mathrm{j}} + \phi_{\mathrm{hj}} - \omega_{\mathrm{hi}}t_{\mathrm{i}} - \phi_{\mathrm{hi}} \quad (3\text{-}73)$$

$$\tau_{\mathrm{I}} = \tau_{\mathrm{Ij}} - \tau_{\mathrm{Ii}} \quad (3\text{-}74)$$

$$\phi_{\mathrm{I}} = \phi_{\mathrm{Ij}} - \phi_{\mathrm{Ii}} \tag{3-75}$$

$$\tau_{\mathrm{b}} \equiv t_{\mathrm{i}} - t_{\mathrm{j}} = \tau_{\mathrm{bj}} - \tau_{\mathrm{bi}} \tag{3-76}$$

其中，t_{i} 和 t_{j} 是在各个站对应的比特时间 t_{bi} 和 t_{bj}。

上述表达式在余弦函数乘积中只考虑了差相位项，而和相位项有较高的频率，在接下来的时间平均中将会被平均到忽略不计。相乘之后，相关器进行数字混频（条纹停止）得到信号（条纹），然后减去模型相位：

$$\phi_{\mathrm{m}} = \omega'_{\mathrm{hj}} t_{\mathrm{bj}} - \omega'_{\mathrm{hi}} t_{\mathrm{bi}} + \omega'_{\mathrm{hj}} \tau_{\mathrm{m}} \tag{3-77}$$

停止的信号将具有非常低的频率（$\leqslant 50\mathrm{mHz}$），因而可以在相对较长的时间（$0.1 \sim 1\mathrm{s}$）进行平均。这些停止和平均的条纹由式（3-78）给出：

$$\sum_{t} V_{\mathrm{i}}(t_{\mathrm{bi}}) V_{\mathrm{j}}(t_{\mathrm{bj}} + \tau_{\mathrm{m}}) \cos\phi_{\mathrm{m}} \propto \cos\left[\omega(\tau'_{\mathrm{g}} + \tau_{\mathrm{b}} + \tau_{\mathrm{I}} - \tau_{\mathrm{m}}) + \phi_{\mathrm{I}} + \Delta\phi_{\mathrm{h}}\right]$$

$$\tag{3-78}$$

其中，$\Delta\phi_{\mathrm{h}} \equiv \Delta\phi_{\mathrm{hi}} - \Delta\phi_{\mathrm{hj}}$。假设和相位项已经被平均为零。相位跟踪则被用来提取条纹相位，由式（3-79）给出：

$$\psi_{\mathrm{f}} = \omega(\tau_{\mathrm{g}} + \tau_{\mathrm{a}} + \tau_{\mathrm{b}} + \tau_{\mathrm{I}} - \tau_{\mathrm{m}}) + \phi_{\mathrm{Ii}} - \Delta\phi_{\mathrm{h}} \tag{3-79}$$

其中，τ_{a} 是考虑无线电波在侧音注入点之前的实际传输路径差的补偿项。

假设在通带内频率 ω_{n} 上的校准相位将被计算作为相关器得到的两个观测站在侧音相位的差：

$$\phi_{\mathrm{t}}(\omega_{n}) = \Delta\phi_{\mathrm{i}}(\omega_{n}) - \Delta\phi_{\mathrm{j}}(\omega_{n}) \tag{3-80}$$

根据式（3-66），这个相位理论上为

$$\phi_{\mathrm{t}}(\omega_{n}) = \omega_{n}(\tau_{\mathrm{b}} + \tau_{\mathrm{I}} - \tau_{\mathrm{t}}) + \phi_{\mathrm{I}} + \Delta\phi_{\mathrm{h}} \tag{3-81}$$

其中，$\tau_{\mathrm{t}} = \tau_{\mathrm{tj}} - \tau_{\mathrm{ti}}$。

这里假设在给定频率 ω_{n} 的校准相位可以通过插值从校准侧音的测量相位获得。忽略多普勒频移的影响，校准相位就可以从条纹相位中减去，得到：

$$\psi(\omega_{n}) = \psi_{\mathrm{f}} - \phi_{\mathrm{t}} = \omega_{n}(\tau_{\mathrm{g}} + \tau_{\mathrm{c}} + \tau_{\mathrm{a}} - \tau_{\mathrm{u}} - \tau_{\mathrm{m}}) \tag{3-82}$$

这样就得到了通过侧音相位校准消除了测量设备影响项的干涉仪测量相位。一旦干涉仪相位已经用校准音相位进行了修正，接下来就可以通过带宽综合技术利用不同频率之间的相位差来获取时延值。

假设 VLBI 观测中需要在接收前端注入相位校正信号（PCAL）的脉冲宽度为 τ_{p}，脉冲周期为 T_{p}。如图 3-38（a）所示，脉冲序列可表示为两个时间序列的卷积，即 $g(t) * h(t)$，其频谱为对应函数的傅里叶变换之积，即 $G(f) \cdot H(f)$，如图 3-38（b）所示[10]。

换言之，频谱为相间 $1/T_{\mathrm{p}}$ 的谱线，最大频率为 $1/\tau_{\mathrm{p}}$，即脉冲宽度的倒数。在 8GHz 频带加入 PCAL 时，脉冲宽度必须小于 100ps。PCAL 一旦

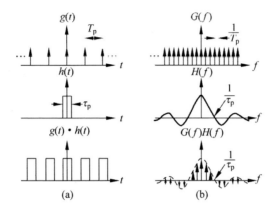

图 3-38　相位校正信号时间序列（a）和频谱（b）

加入射电信号,其相位可在任意时刻予以测量,直至射电信号被数字化并记录。脉冲周期一般为 $1\mu s$,因而 PCAL 以 1MHz 的间距插入射电信号。

3.7　带宽综合技术

VLBI 的时延测量精度与数据记录带宽成正比,但是数据记录带宽越宽,数据记录速率越高,这对数据的存储、传输都带来了较高要求。通过带宽综合技术,可以用多个窄带通道对宽带信号进行记录,从而满足使用宽带信号获得时延测量精度、同时降低数据记录速率的需求。

利用多个窄带通道对宽带信号进行记录的示意如图 3-39 所示。每个通道进行互相关处理,通过分析每个通道的互相关函数相位并进行带宽综合来确定时延。

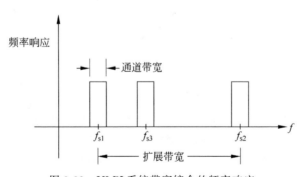

图 3-39　VLBI 系统带宽综合的频率响应

图 3-40 是一个带宽综合的例子[9]。首先,相关函数幅度用来给出基于通道带宽(图 3-40 中为 2MHz)的无模糊时延;该时延测量结果被用来分辨间隔最近的通道对(图 3-40 中为 5MHz)时延模糊;一旦最近间隔通道对的模糊解决了,则所获得的更准确的测量时延就依次用于分辨更宽的间隔通道对(图 3-40 中为 20MHz)的模糊。

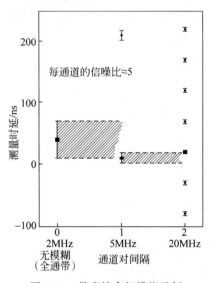

图 3-40 带宽综合解模糊示例

如果通道之间的频率间隔可以表示为某个频率的整数倍,则此频率间隔的最大可能取值对应于时延模糊度,亦即频率间隔的最大公约数对应于时延模糊度。假设通道 n 的频率为 f_n,相位为 $\phi_n + 2m_n\pi$,其中 $m_n = 0$,$\pm 1, \pm 2, \cdots$。简单起见,设 ϕ_n 为零。于是可将 f_n 表示为

$$f_n = f_{n-1} + \Delta f_{n-1}$$
$$= f_1 + \Delta f_1 + \Delta f_2 + \cdots + \Delta f_{n-1}$$
$$= f_1 + \sum_{k=1}^{n-1} \Delta f_k \tag{3-83}$$

Δf_k 是 k、$k+1$ 通道的频率之差。

各通道的时延由参考频率和相位计算得到,而相位的模糊度必须是 $360°(2\pi \text{ rad})$ 的整数倍。若通过调整相位以使各通道时延相同(非零),则最小调节值对应于时延模糊度。如果第 1 个通道用作频率和相位参考,则第 n 个通道的时延 τ_n 表示为

$$\tau_n = \frac{2m_n\pi}{2\pi(f'_n - f'_\perp)} - \frac{m_n}{\sum\limits_{k=1}^{n-1}\Delta f_k} \tag{3-84}$$

由于各通道时延相同,则

$$\frac{m_2}{\Delta f_1} = \frac{m_3}{\Delta f_1 + \Delta f_2} = \cdots = \frac{m_N}{\Delta f_1 + \Delta f_2 + \cdots + \Delta f_N} \tag{3-85}$$

利用 $\Delta f_n = a_n \Delta f_{max}$,其中 a_n 为整数,则式(3-85)化为

$$\frac{m_2}{a_1 \Delta f_{max}} = \frac{m_3}{(a_1 + a_2)\Delta f_{max}} = \cdots = \frac{m_N}{\sum\limits_{k=1}^{n-1} a_k \Delta f_{max}} \tag{3-86}$$

由于 a_k 为整数,若 $m_n = \sum\limits_{k=1}^{n-1} a_k$,则式(3-86)中各项均为 $1/\Delta f_{max}$。于是,当 Δf_{max} 为频率间距最大公约数时,模糊度为最小。

来自两个观测站的信号相关获得的信噪比取决于站特征、相关通道带宽和观测时间。计算使用的表达式为[14]

$$SNR_{CH} = 2.05 \times 10^{-4} (\gamma_v S) D_1 D_2 \sqrt{\frac{\eta_1 \eta_2 B_{CH} T}{T_{SYS1} T_{SYS2}}} \tag{3-87}$$

这里,$\gamma_v S$ 表示相关辐射通量密度,S 是总辐射通量密度(Jy);

D_1, D_2 表示天线直径(m);

η_1, η_2 表示天线效率;

B_{CH} 表示通道带宽(Hz);

T 表示观测时间(s);

T_{SYS1}, T_{SYS2} 表示天线系统噪声温度(K)。

因子 2.05×10^{-4} 包含所有归一化常数,并且考虑 1 比特量化带来的降格和单极化方式接收。当多通道同时进行相关时,它们具有近似相同的 SNR_{CH},则相关 SNR 能够由式(3-88)计算

$$SNR = \sqrt{n} \cdot SNR_{CH} \tag{3-88}$$

这里,n 为相关的通道数。

来自两个 VLBI 站数据相关进行延迟测量带来的误差表示为

$$\sigma = \frac{c}{2\pi \cdot SNR \cdot BW} \tag{3-89}$$

这里,c 表示电磁波传播速度;

SNR 表示后相关信噪比;

BW 表示观测带宽。

从式(3-89)中可以看到,如果对于整个带宽进行记录,需要传送到相关

处理器的数据量会相当大。例如,如果相关后信噪比 SNR 需要 40(16dB),则带宽为 125MHz 才能满足延迟误差为 1cm 的需要。

通过带宽综合技术可以显著减小数据量。该技术通过散布在观测带宽内的若干窄带通道获得的均方根(RMS)带宽为

$$\mathrm{BW_{RMS}} = \sqrt{\frac{\sum_{i=1}^{n}(f_{\mathrm{CH}_i} - f_{\mathrm{AVG}})^2}{n}} \qquad (3\text{-}90)$$

这里,f_{CH_i} 表示带宽综合技术中第 i 个通道的中心频率;

f_{AVG} 表示带宽综合技术中所有通道中心频率的平均值;

n 表示通道数。

通过带宽综合技术获得效率提高的典型例子有:X 频带 VLBI 测量使用 8 对 2MHz 通道。相应的 RMS 带宽为 140MHz。由于硬件限制及 1 比特量化,其采样率等于两倍的信道带宽,总的记录带宽减小为 64MHz。

为了获得高精度,通道的频点分布的宽度应该足够宽(当然必须在接收带内)。间隔最远的两个通道决定了精度,其他通道用于解算相位模糊度。对 S 和 X 频段的同时观测,可以消除由于地球电离层导致的两观测站之间的差分延迟[15]。

参考文献

[1] SASAO T, FLETCHER A B. Introduction to VLBI systems, lecture notes for KVN students [EB/OL]. [2020-06-16]. https://iaaras. ru/media/library/ kchap1. pd5.

[2] 桑顿,博德. 深空导航无线电跟踪测量技术[M]. 李海涛,译. 北京:清华大学出版社,2005.

[3] THOMAS J B. An analysis of long baseline radio interferometry[J]. The Deep Space Network Progress Report,1972,7:37-50.

[4] DATE A B,DATE T. Wideband very-long baseline interferometry[J]. DSMS Telecommunications Link Design Handbook,2006,211.

[5] SOLANA A,SCHAFER W, SCHWALL T, et al. Design of the frequency and timing subsystem for ESA's deep space antenna 3[C]//European Frequency & Time Forum & International Frequency Control Symposium. IEEE,2013.

[6] iMaser 3000^{TM}[EB/OL]. [2020-06-16]. https://www. t4science. ch/products/ imaser3000/.

[7] Mark 5 memo series[EB/OL]. [2020-06-16]. https://www. haystack. mit. edu/ haystack-memo-series/mark-5-memos/.

[8] SCHILIZZI R T. e-VLBI[EB/OL]. [2020-06-16]. http://jive. nl/evlbi _ ws/

presentations/schilizzi. pdf.

[9] MOLINDER J I. A tutorial introduction to very long baseline interferometry (VLBI) using bandwidth synthesis[J]. The Deep Space Network Progress Report 42-46,1978: 16-28.

[10] TAKAHASHI F,KONDO T, TAKAHASHI Y, et al. Very long baseline interferometer[M]. Amsterdam: IOS Press Inc,2000.

[11] 陈中,郑为民. VLBI 软件相关处理机现状和发展趋势[J]. 天文学进展,2015, 33(4): 489-505.

[12] Low frequency radio astronomy[EB/OL]. [2020-06-16]. http://gmrt. ncra. tifr. res. in/gmrt_hpage/Users/doc/WEBLF/LFRA/.

[13] THOMAS J B. The tone generator and phase calibration in VLBI measurements [J]. Deep Space Network Progress Report,1978,42(44): 63-74.

[14] PARKS G S,SNIFFIN R W, WU S C, et al. Operational mobile VLBI data acquisition system (MV-3) design requirements[J]. JPL Internal Document 1700,11.

[15] SOVERS O J,FANSELOW J L,JACOBS C S. Astrometry and geodesy with radio interferometry: Experiments, models, results [J]. Review of Modern Physics,1998,70(4): 1393.

第4章

双差分单向测距(△DOR)技术

4.1 ΔDOR 技术基本原理

4.1.1 ΔDOR 技术概述

ΔDOR 是深空测控干涉测量技术中最常用到的技术。该技术源自于在天文领域广泛应用的 VLBI 技术。VLBI 技术是一种使用两个彼此相距很远的测站通过测量遥远的无线电信号源（通常是射电源）发射的信号到达两个测站的几何时间延迟从而确定信号源角位置的技术，观测到的时间延迟是连接两个天线基线矢量和信号源方向矢量的函数。当信号源为航天器时，可以采用通过在每个测站分别独立检测航天器发出侧音的相位然后再进行差分的方式测距，这种测量方式称为"ΔDOR"。虽然航天器和射电源的数据获取方式和处理方法并不相同，但是两种类型的测量都可以理解成延迟测量，并且具有相同的信息含量和对误差源相同的敏感性。通过这种方式获取的数据是对多普勒测速和测距数据的补充[1]。

以 ΔDOR 技术为代表的航天器干涉测量技术能够为深空探测器提供精确的导航数据，能够极大地降低探测器在行星转移段、入轨捕获段定轨失败的风险，其已经成为深空探测不可或缺的地基无线电测量技术。NASA 和 ESA 已将这项技术全面应用于各项深空探测任务，为各个探测器提供了至关重要的高精度测量数据[2-3]。CCSDS 的 ΔDOR 工作组也正式发布了关于各航天机构间开展 ΔDOR 交互支持业务的数据接口标准和操作规范[4]。为适应我国探月工程和未来深空探测精确导航的需求，我国部署了深空测控网干涉测量系统，并在探月工程中成功应用。通过与欧洲航天局共同开展对"金星快车"探测器的 ΔDOR 联合测轨试验，验证了双方开展交互支持合作的接口。

根据 CCSDS 建议[4]，对航天器进行干涉测量通常是以 ΔDOR 的方式进行，即在观测航天器前后交替观测射电源，以便校准各种信号路径误差和钟差。通常，各地面跟踪站是以开环记录的方式利用多个信号通道记录航天器和射电源信号的频谱，再将原始数据传送至相关处理中心进行处理。图 4-1 为典型的航天器干涉测量接收设备记录频谱设置[5]。

图 4-1 表明，为了进行 ΔDOR 测量，航天器必须发射多个侧音或具有最少几兆赫兹带宽的其他信号形式。侧音的选择依赖于相位整周解模糊、测量精度、航天器信号功率、地面测站资源以及空间探测的频率分配等因素。

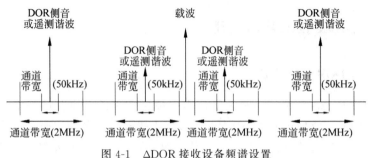

图 4-1 ΔDOR 接收设备频谱设置

ΔDOR 技术要求两个彼此相距很远的测站在航天器的同一个观测弧段内对航天器进行同时测量。在对航天器观测前或观测后需对射电源进行双站同时测量,因此必须双站共视,共视的长度取决于双站的相对位置和航天器倾角,并且共视特性随着不同的测站组合而变化。观测顺序是航天器—射电源—航天器或射电源—航天器—射电源,也可以是更长的交替观测顺序,对每个目标的观测一般仅持续几分钟。这种观测顺序的安排依赖于信号源的特性以及本次测量的目标。

对于航天器,到一个测站的单向距离确定是通过提取由航天器发出的两个或多个信号的相位实现的。DOR 音的产生是将正弦信号或者方波信号调制在 S、X 或 Ka 频段的下行载波上。可以使用纯的波形,产生的也是纯侧音的谱,或者使用调制的波形,产生的是与射电源频谱类似的谱形[6]。DOR 观测量通过将两个测站产生的单向测距测量结果相减得到。进行单向测距测量会受到星上时钟未知偏置的影响,而站间差分可以消除这种影响。然而,DOR 测量会受到地面时钟和仪器延迟的影响。

对于测量射电源,将每个测站的频率通道配置为以航天器信号为中心以获取数据。这种接收机配置的选择保证了航天器与射电源间的差分能够消除地面测站时钟和仪器延迟的影响。通过选取与航天器角距离相近的射电源,并对射电源进行与航天器几乎同时的观测,可使站址误差、地球定向误差和传输介质延迟的影响变小。

在实际任务导航应用的过程中,每次观测均需对延迟或 DOR 观测量进行建模。每个测站需要提供气象数据,并与其他诸如 GPS 测量的数据联合,修正对流层、电离层等路径延迟。观测量计算值是基于已知的几何参数及对对流层、电离层进行的校准。将观测量观测值减去观测量计算值即可得到残差。航天器与射电源间的差分是在导航解算中完成的,方法是将航天器的观测量残差减去射电源观测量残差[7]。

此外,由于航天器的发射功率受限且射电源离地球的距离非常遥远,接收到的信号通常非常微弱。因此,利用具有高灵敏度的大天线获取数据是必要的。测站内必须使用高稳定度频率源(通常是氢钟),以避免时延测量性能的恶化。此外,需要精确已知测站坐标并对接收信号进行精确的延迟校准。当天线前端与信号采集记录设备距离很远时,有必要对这一信号路径的延迟进行精确标定来确保延迟的稳定。

4.1.2 测量基本原理

干涉测量处理的信号是来自几何上分离的两个跟踪站,其基本原理如图 4-2 所示。从第一个跟踪站到第二个跟踪站的矢量 **B** 称作"基线矢量"。如果一个外部射电源的方向矢量为 **s**,与基线矢量的夹角为 θ,那么可以得到无线电信号源发出的信号波前到达基线两端的时间差近似为[8]

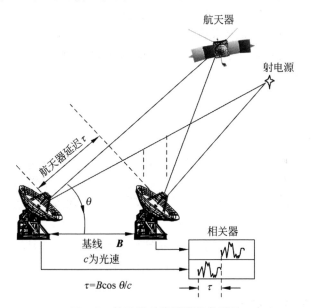

图 4-2　航天器干涉测量基本原理

$$\tau_g = -\frac{1}{c}(\boldsymbol{B} \cdot \boldsymbol{s}) = -\frac{B}{c}\cos\theta \tag{4-1}$$

此时假设 $B = |\boldsymbol{B}|$。

甚长基线干涉测量的优势可以通过将式(4-1)对几何时延求偏导数体现:

$$\frac{\partial\theta}{\partial\tau_g} = \frac{c}{B\sin\theta} \tag{4-2}$$

由式(4-2)可见，基线 B 越长，那么给定的几何时延误差所引起的角位置误差就越小，DSN 的基线长度在 $8000\sim10\,000\mathrm{km}$，即不超过 $1\mathrm{ns}$ 的观测时延误差引起的角误差约为 $30\mathrm{nrad}$。$30\mathrm{nrad}$ 的角误差对应到太阳到木星的距离在天平面上的位置误差为 $22\mathrm{km}$。

航天器和射电源观测量是通过对每个跟踪站接收到的无线电信号进行数字采样处理得到的。航天器侧音相位提取既可以使用开环技术也可以使用闭环技术，而射电源信号只能以开环方式提取。来自两个站的射电源数据采样结果需传输到一个处理中心以便提取延迟测量量。DSN 跟踪站目前使用开环方式记录射电源和航天器的信号，但同时也在使用一种实验型闭环侧音跟踪器，用于验证对航天器实时观测的可行性。到信号数字化节点之前，必须对航天器和射电源使用相同的设备接收链路。

对于航天器的数据处理，首先按照名义的测量几何与传输频率计算一个先验的侧音模型相位。然后在频率上进行搜索以锁定真实的侧音频率，然后使用锁相环来提取侧音相位。这个过程在每个跟踪站对每个侧音重复进行。记传输频率为 ω_i 的航天器侧音的站间差分相位为 $\phi_s(\omega_i)$，那么航天器的延迟观测量为[5]

$$\tau_g^{\mathrm{SC}} = \frac{\phi_s(\omega_2) - \phi_s(\omega_1)}{\omega_2 - \omega_1} \tag{4-3}$$

最外侧两个侧音的频率间隔称作航天器信号的"横跨带宽"。

对于射电源的数据处理，在两个跟踪站的每个基带通道上的采样数据进行互相关以生成一个对应于频带中心频率 $\bar{\omega}_i$ 的干涉相位 $\phi_Q(\omega_i)$。宽带射电源的干涉相位与一个正弦信号的站间差分相位相似。射电源延迟观测量为[5]

$$\tau_g^{\mathrm{QSR}} = \frac{\phi_s(\bar{\omega}_2) - \phi_s(\bar{\omega}_1)}{\bar{\omega}_2 - \bar{\omega}_1} \tag{4-4}$$

4.2　观测量分析与定义

航天器干涉测量观测量，定义为航天器单向差分测距，它等价于地面两个不同测站同时接收的两个距离观测量（实际是相应光行时）的差分，如图 4-3 所示。

事实上，根据航天器干涉测量信号形式的不同，可将获取的差分单向测距分为群延迟和相位延迟，虽然二者数学定义及定轨处理中的数学含义等价，但是由于信号测量的特性，二者的测量精度差别很大。下面分别导出群

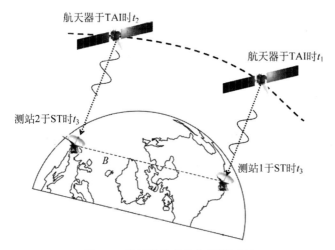

图 4-3　航天器差分单向测距原理

延迟差分单向测距及相位延迟差分单向测距的测量模型。

　　假设航天器发射两个正弦点频信号 $\sin(\omega t + \varphi_0)$，频点分别为 ω_A 和 ω_B，则在任意时刻 t，每个点频的瞬时相位 $\varphi(t)$ 为 $[\omega t + \varphi_0]_{\mathrm{mod}2\pi}$。假定在过去某一时刻 t_0（以国际原子时 TAI 表示），两个点频信号 ω_A 和 ω_B 于航天器上同相（in-phase）发射。在 t_0 以后的任意时刻 t，上述两点频信号的相位差可表示如下：

$$[\varphi_B - \varphi_A]_t = (\omega_B - \omega_A)(t - t_0) \tag{4-5}$$

　　则地面测站 1、2 收到的航天器信号对应的信号发出时刻 t_1、t_2，两点频间的相位差为

$$\begin{cases} [\varphi_B - \varphi_A]_{t_1} = (\omega_B - \omega_A)(t_1 - t_0) \\ [\varphi_B - \varphi_A]_{t_2} = (\omega_B - \omega_A)(t_2 - t_0) \end{cases} \tag{4-6}$$

式（4-6）可变换为

$$\begin{cases} t_1 = t_0 + \dfrac{[\varphi_B - \varphi_A]_{t_1}}{\omega_B - \omega_A} \\[3mm] t_2 = t_0 + \dfrac{[\varphi_B - \varphi_A]_{t_2}}{\omega_B - \omega_A} \end{cases} \tag{4-7}$$

　　假设信号完全在真空中传播（不考虑信号传播路径上的介质影响），并假定航天器在两个不同时刻 t_1、t_2（以国际原子时 TAI 表示）发射的两个点频信号 ω_A 和 ω_B，于同一时刻 t_3（以测站时 ST 表示）分别在测站 1、2 被接收。由于无线电信号在真空中的相速度等于信号的传播速度，因此，对于这

两个点频信号,无论其在航天器发射天线处发射时的相位差$[\varphi_B - \varphi_A]$是多少,它们到达测站瞬时的相位差应与发射时刻保持不变,即有

$$\begin{cases} [\varphi_B - \varphi_A]'_{t_{3(1)}} = [\varphi_B - \varphi_A]_{t_1} \\ [\varphi_B - \varphi_A]'_{t_{3(2)}} = [\varphi_B - \varphi_A]_{t_2} \end{cases} \tag{4-8}$$

其中,$[\varphi_B - \varphi_A]'_{t3(i)}(i=1,2)$分别为测站 1、2 在接收时刻 t_3 收到的航天器两点频信号的相位差。

将式(4-7)、式(4-8)联立,有

$$\begin{cases} t_1 = t_0 + \dfrac{[\varphi_B - \varphi_A]'_{t_{3(1)}}}{\omega_B - \omega_A} \\ t_2 = t_0 + \dfrac{[\varphi_B - \varphi_A]'_{t_{3(2)}}}{\omega_B - \omega_A} \end{cases} \tag{4-9}$$

分别定义航天器到两测站的"精确单向光行时"为

$$\begin{cases} \rho_1 = t_3 - t_1 \\ \rho_2 = t_3 - t_2 \end{cases} \tag{4-10}$$

进一步变换:

$$\begin{cases} \rho_1 = t_3 - t_0 - \dfrac{[\varphi_B - \varphi_A]'_{t_{3(1)}}}{\omega_B - \omega_A} \\ \rho_2 = t_3 - t_0 - \dfrac{[\varphi_B - \varphi_A]'_{t_{3(2)}}}{\omega_B - \omega_A} \end{cases} \tag{4-11}$$

据此,可定义群延迟航天器差分单向测距(精确差分单向光行时)[9]:

$$\Delta\rho = \rho_2 - \rho_1 = -\left(\frac{[\varphi_B - \varphi_A]'_{t_{3(2)}} - [\varphi_B - \varphi_A]'_{t_{3(1)}}}{\omega_B - \omega_A} \right) \tag{4-12}$$

对于相位延迟的航天器差分单向测距,以点频信号 ω_B 为例,在航天器上于两个不同时刻 t_1、t_2 发出时的瞬时相位分别为

$$\begin{cases} \varphi_B(t_1) = \omega_B(t_1 - t_0) + \varphi_0 \\ \varphi_B(t_2) = \omega_B(t_2 - t_0) + \varphi_0 \end{cases} \tag{4-13}$$

进而可以得出:

$$\begin{cases} t_1 = t_0 + \dfrac{\varphi_B(t_1) - \varphi_0}{\omega_B} \\ t_2 = t_0 + \dfrac{\varphi_B(t_2) - \varphi_0}{\omega_B} \end{cases} \tag{4-14}$$

同样,考虑到无线电信号在真空中的相速度等于信号的传播速度,有:

$$\begin{cases} \left[\varphi'_B\right]_{t_{3(1)}} = \varphi_B(t_1) \\ \left[\varphi'_B\right]_{t_{3(2)}} = \varphi_B(t_2) \end{cases} \tag{4-15}$$

变换得:

$$\begin{cases} t_1 = t_0 + \dfrac{\left[\varphi'_B\right]_{t_{3(1)}} - \varphi_0}{\omega_B} \\ t_2 = t_0 + \dfrac{\left[\varphi'\right]_{t_{3(2)}} - \varphi_0}{\omega_B} \end{cases} \tag{4-16}$$

因此可得到相位延迟的航天器差分单向测距为

$$\Delta\rho = \rho_2 - \rho_1 = -\frac{\left[\varphi'_B\right]_{t_{3(2)}} - \left[\varphi'_B\right]_{t_{3(1)}}}{\omega_B} \tag{4-17}$$

至此,得到了群延迟和相位延迟类型的航天器差分单向测距观测量,二者在数学定义上无本质区别。需要注意的是,根据 CCSDS 目前给出的建议,在 X 频段,两点频 ω_A 和 ω_B 的频率间隔(扩展带宽)一般约为几十兆赫兹,而对于 X 频段的单载波 ω_A(或 ω_B),频率在 8.4GHz。可见在相位测量精度与频率无关的前提下,理论上相同的相位测量精度得到的群延迟与相位延迟的精度相差几百倍。

在定义了单个航天器干涉测量观测量——航天器差分单向测距的基础上,即可定义在 SBI 观测模式下航天器—航天器间的差分干涉测量观测量——双差分单向测距如下:

$$\Delta\Delta\rho = \Delta\rho^{SC_2} - \Delta\rho^{SC_1} \tag{4-18}$$

对于简化形式的分析,航天器—航天器差分干涉观测量可定义为

$$\tau_{\Delta DOR} = \frac{1}{c}\boldsymbol{B} \cdot (\boldsymbol{S}_{Tar}^{SC} - \boldsymbol{S}_{Ref}^{SC}) \tag{4-19}$$

其中,$\boldsymbol{S}_{Tar}^{SC}$、$\boldsymbol{S}_{Ref}^{SC}$ 分别为目标航天器、参考航天器的单位方向矢量,$\boldsymbol{B}$ 为基线矢量。由式(4-19)可见,航天器—航天器差分干涉观测量在几何上提供了目标航天器相对于参考航天器的空间位置信息。

4.3 航天器 DOR 音信号结构

进行 DOR 测量时,航天器应答机需发射横跨某个带宽的几个侧音信号(称作"DOR 侧音")。DOR 侧音通过将纯正弦波或纯方波调制到 S、X 或 Ka 频段的下行载波上形成。DOR 侧音的数目、侧音频率以及侧音功率

需依据航天器角位置的先验信息以及差分测距所要达到的精度要求来确定。一般而言，窄跨度带宽用于根据航天器先验角位置信息解整周期的相位模糊，而宽跨度带宽用于保证最终的测量精度。

通过将方波信号调制到载波生成的侧音性能较差。对于在检测门限以上的侧音，最大的横跨带宽与最小的横跨带宽的比值一般在 1～6。为了提供更好的性能（最外侧的侧音具有更宽的横跨带宽和更多的能量），同时能够提供可以用于解模糊的窄带侧音，需要更多的侧音。基于效率的考虑，在多侧音系统中通常使用正弦波。

例如，在"旅行者"航天器导航的 ΔDOR 测量中使用的是 360kHz 遥测方波副载波信号中的高次谐波[10]。对于"火星观测者"航天器，通过使用两个调制到下行载波的正弦信号（3.825MHz 和 19.125MHz）得到了更精确的 ΔDOR 测量[1]。

DOR 侧音与下行载波频率最好是相干的。这样就可以通过由接收到的载波信号推得的相位模型来检测弱 DOR 侧音。

最常用的 DOR 侧音调制格式如下所述。

1）由两正弦波调制生成的 DOR 侧音

由两个角频率分别为 ω_1、ω_2，峰值调制指数为 m_1、m_2 的正弦侧音，调相到下行载波信号上，如下[11]：

$$s(t) = \sqrt{2P_T}\cos(\omega_c t + m_1\sin(\omega_1 t) + m_2\sin(\omega_2 t)) \qquad (4\text{-}20)$$

上面的表达式可以进一步展开，以便将载波、主 DOR 侧音与高阶谐波信号分离开：

$$s(t) = \sqrt{2P_T}\,[J_0(m_1)J_0(m_2)\cos(\omega_c t) - 2J_1(m_1)J_0(m_2)\sin(\omega_c t)\sin(\omega_1 t) -$$
$$2J_0(m_1)J_1(m_2)\sin(\omega_c t)\sin(\omega_2 t) + 高阶谐波] \qquad (4\text{-}21)$$

其中，J_0、J_1 为第一类贝塞尔函数。调制产生的侧音频率分别为 $\omega_c \pm \omega_1$、$\omega_c \pm \omega_2$。通过调整调制指数可以改变功率分配以便将更多的功率分配给外侧音，而对于内侧音只需提供足以解模糊所需的能量。

可以很容易地通过上面的表达式推导得到分配给载波和侧音的能量，如下：

$$\begin{cases} P_c = P_T J_0^2(m_1) J_0^2(m_2) \\ P_1 = P_T J_1^2(m_1) J_0^2(m_2) \\ P_2 = P_T J_0^2(m_1) J_1^2(m_2) \end{cases} \qquad (4\text{-}22)$$

相应的调制损失可以表达成如下的分式形式：

$$
\begin{cases}
\dfrac{P_c}{P_T} = J_0^2(m_1)J_0^2(m_2) \\[2mm]
\dfrac{P_1}{P_T} = J_1^2(m_1)J_0^2(m_2) \\[2mm]
\dfrac{P_2}{P_T} = J_0^2(m_1)J_1^2(m_2)
\end{cases}
\tag{4-23}
$$

上述的双正弦波方案用于"火星观测者"航天器上。对于"火星观测者"，调制指数的名义值分别为对于 $f_1 = 19.125\mathrm{MHz}$ 的侧音 $m_1 = 0.64\mathrm{rad}$，对于 $f_2 = 3.825\mathrm{MHz}$ 的侧音 $m_2 = 0.32\mathrm{rad}$。该数值对应的调制损失分别为 $P_c/P_T = -1.14\mathrm{dB}$，$P_1/P_T = -10.57\mathrm{dB}$，$P_2/P_T = -16.94\mathrm{dB}$。

2）由一个方波调制生成的 DOR 侧音

在这种条件下，一个具有单位幅值、角频率为 ω_1 的方波信号调相到下行载波上以产生一个具有多侧音的下行信号[5]：

$$
s(t) = \sqrt{2P_T}\cos(\omega_c t + m_1 \mathrm{sqwv}(\omega_1 t))
\tag{4-24}
$$

其中，sqwv 函数指代方波信号（下文同）；则式（4-24）中和的余弦可以展开为

$$
s(t) = \sqrt{2P_T}\cos(m_1 \mathrm{sqwv}(\omega_1 t))\cos(\omega_c t) - \\
\sqrt{2P_T}\sin(m_1 \mathrm{sqwv}(\omega_1 t))\sin(\omega_c t)
\tag{4-25}
$$

上式右侧第二项为一个载波信号乘以一个幅值为 $\sin(m_1)$ 的方波。这个方波可以展开为傅里叶级数的形式：

$$
\sin(m_1 \mathrm{sqwv}(\omega_1 t)) = \sin(m_1)\frac{4}{\pi}\sum_{k=1}^{\infty}\frac{\cos[(2k-1)\omega_1 t]}{2k-1}
\tag{4-26}
$$

因此式（4-25）可以写为

$$
s(t) = \sqrt{2P_T}\cos(m_1 \mathrm{sqwv}(\omega_1 t))\cos(\omega_c t) - \\
\sqrt{2P_T}\sin(m_1)\frac{4}{\pi}\sum_{k=1}^{\infty}\frac{\cos[(2k-1)\omega_1 t]}{2k-1}\sin(\omega_c t)
\tag{4-27}
$$

式（4-27）右侧第二项产生了频率与载波间隔副载波奇次倍频的侧音。对于方波谐波在频率为 $\omega_c \pm (2k-1)\omega_1$ 处（$k=1,2,3,\cdots$）的调制损耗可以简单地由上述表达式中的系数计算得到：

$$
\frac{P_k}{P_T} = \frac{4}{\pi^2}\frac{1}{(2k-1)^2}\sin^2(m_1)
\tag{4-28}
$$

考虑到余弦函数是一个偶函数，式（4-25）中右侧第一项将产生一个纯

载波信号。但是，由于方波必被带限，函数 $\cos(m_1 \mathrm{sqwv}(\omega_1 t))$ 事实上为一个周期为 $2\pi/2\omega_1$，幅值为 $(1-\cos m_1)$ 的尖峰序列。这个尖峰序列产生了与载波频率间隔为方波偶次谐波的谐波分量。对于高次副载波，如 360kHz，航天器侧音或许是可以检测的因而可以用作 DOR 侧音。在偶次谐波中的能量正比于 $(1-\cos m_1)^2$，但实际的功率依赖于副载波信号的形状。分配到副载波信号中的能量，除了载波信号本身之外，往往是非常小的。

当遥测信号调制到副载波上时，奇次谐波被展开因而不宜用作 DOR 测量。另一方面，由尖峰序列产生的偶次谐波可以用作纯侧音。高频遥测副载波的高阶偶次谐波，在占信号总功率 -30dB 的水平上，在"旅行者号"和"麦哲伦号"航天器上用作 DOR 侧音。能够进行这种测量的机会是有用的，但是事先很难计划这种机会，因为实际的信号频谱依赖于副载波信号的精确形状。

通常，方波调制的低阶奇次谐波被用作 DOR 侧音。这种方案用在"维加号"和"福波斯号"任务中[5]。

例如，假设完全抑制载波（$m_1=90°$）。那么前两个奇次方波谐波的抑制为

$$\frac{P_1}{P_{\mathrm{T}}} = -3.92\mathrm{dB}, \quad \frac{P_2}{P_{\mathrm{T}}} = -13.46\mathrm{dB} \tag{4-29}$$

4.4　解模糊方法

在 DOR 测量中，两测站接收航天器发射信号得到的站间信号群延迟定义如下[7]：

$$\tau_{\mathrm{group}} = \frac{\phi(f_2) - \phi(f_1)}{f_2 - f_1} \tag{4-30}$$

其中，f_1, f_2 为航天器发射的两个点频的频率，$\phi(f_2), \phi(f_1)$ 分别为航天器发射两个点频信号到达两个测站的相位差。

为获得高精度群延迟，两个频点之间的频率间隔（f_2-f_1，即扩展带宽）越宽越好。但考虑到空间频段分配的限制，CCSDS 给出了对于不同频段正弦 DOR 侧音的频率，如表 4-1 所示[6]。

表 4-1　CCSDS 建议的 DOR 音频率

下 行 频 段	DOR 音数	DOR 音频率（$\pm 10\%$）
S 频段	1	4MHz
X 频段	2	4,20MHz
Ka 频段	3	4,20,76MHz

假设 DOR 侧音具有相同的接收 SNR,那么延迟测量量 τ 的误差 ε_τ 可以表示为[7]

$$\varepsilon_\tau = \frac{1}{2\pi f_{BW}} \sqrt{\frac{2}{(P/N_0) \cdot T_{obs}}} \tag{4-31}$$

其中,f_{BW} 为扩展带宽(Hz),P/N_0 为 DOR 侧音信噪谱密度比(Hz),T_{obs} 为积分时间(s)。

从式(4-31)可以看出,在两个地面天线接收到 DOR 音信噪比一定的前提下,DOR 侧音上下边带信号频率的跨度越大,则两个地面天线测量航天器信号到达延迟的精度越高。

深空干涉测量是依靠带宽综合技术对几个子频带上的相位进行测量以生成群延迟来获得与使用整个信息带宽信号相当的测量精度。在航天器测量中,一个频率为 f_s 的窄带信号到达两个测站的时延对应的差分相位可以表示成对应于该频率的相位周期的整数部分与小数部分之和。硬件可以实现的是对小数部分的直接测量,整周部分需要靠其他途径获得。为了消掉相位整周模糊,航天器在多个点频处同时发送多个正弦 DOR 侧音,假设侧音频率分别为 f_{s_1}、f_{s_2},即有[12]:

$$\begin{cases} \phi(f_{s_1}) = 2\pi f_{s_1} \tau_g = \left[(2\pi f_{s_1} \tau_g)_{MOD-2\pi}\right] + 2\pi n \\ \phi(f_{s_2}) = 2\pi f_{s_2} \tau_g = \left[(2\pi f_{s_2} \tau_g)_{MOD-2\pi}\right] + 2\pi m \end{cases} \tag{4-32}$$

其中,方括号部分为对信号相位小数部分的测量值,n、m 为 f_{s_1}、f_{s_2} 的相位整周模糊。在航天器发送两侧音的瞬时,航天器到两测站的光行时均为某个固定值,因而航天器到两测站的延迟也是固定值,且该值与两侧音的频率无关。事实上,这个延迟值即是航天器侧音频率-相位图上的曲线斜率 S,即有群延迟[11]:

$$\tau_g = \frac{1}{2\pi} \frac{\phi(f_{s_2}) - \phi(f_{s_1})}{f_{s_2} - f_{s_1}} = \frac{S}{2\pi} \tag{4-33}$$

使用这种群延迟的好处是通过选择 f_{s_1}、f_{s_2} 的频率间隔可以改变扩展带宽对应的周期并使其大于两个频率 f_{s_1}、f_{s_2} 各自的周期,因而对于群延迟测量确定其整周部分所需的先验信息精度要低于确定窄带信号 f_{s_1}、f_{s_2} 各自的整周相位。例如对于 8.4GHz 的 X 频段载波信号,其单向最大无模糊差分距离为 3.57cm,即载波波长,而对于扩展带宽为 40MHz 的群延迟,其单向最大无模糊差分距离,即等效波长为 7.5m,因而确定 40MHz 群延迟相位整周数先验信息的精度要远低于确定 8.4GHz 载波相位整周数的精度。但是,在相位测量精度与频率无关的假设下,群延迟测量的误差反比于相位的除数，即扩展带宽$(f_{s_2}-f_{s_1})$，相比于窄带信号对应的延迟误差，群延迟的测量误差很大。为了提高群延迟的测量精度，需要增大扩展带宽$(f_{s_2}-f_{s_1})$，这也会带来相位整周模糊问题，如图 4-4 所示[13]。

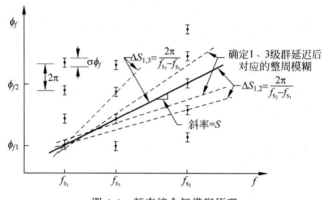

图 4-4　频率综合解模糊原理

图 4-4 中，由于相位测量存在误差，故航天器各点频相位值均由误差棒表示，且各误差棒间的间隔为 2π（整周模糊），因此通过点频 f_{s_1}、f_{s_2} 的直线不唯一，这就是相位整周模糊在频率-相位图上的表现。为解决相位整周模糊，可在点频 f_{s_1}、f_{s_2} 间增加中间点频 f_{s_3}，只有通过 f_{s_1}、f_{s_2} 和 f_{s_3} 三个点频处相位误差棒的直线，对应的斜率才是真实的群延迟。这就是频率综合解模糊的基本原理。

图 4-4 中直线斜率 S 的物理含义是角度相位对频率的变化率（该值除以 2π 后量纲即为时间）。如果斜率 S 先验信息的不确定性小于 $\Delta S_{1,2}=2\pi/(f_{s_2}-f_{s_1})$，那么可以连接对应的点，连线对应的时间延迟为

$$\tau_g = \frac{\phi_{f_2}-\phi_{f_1}}{2\pi(f_{s_2}-f_{s_1})} \qquad (4\text{-}34)$$

在实际的硬件测量中，信号相位的测量精度并不依赖信号的频率，即对于一个给定的频率，$\phi_f(t)$ 的测量精度为 σ_{ϕ_f}，那么由信号相位的测量不确定性造成的时延 τ_g 的不确定性为[7]

$$\sigma_{\tau_g} = \frac{\sqrt{2}\sigma_{\phi_f}}{2\pi(f_{s_2}-f_{s_1})} \qquad (4\text{-}35)$$

由式（4-35）得到的最重要的一点是，当 σ_{ϕ_f} 给定时，频率差项 $(f_{s_2}-f_{s_1})$ 越大，那么得到的 σ_{τ_g} 就越小。这就是所谓的"带宽综合技术"（对于窄带多频信号而言，带宽综合技术主要有两个作用：一个是用求斜率

的办法帮助解决了整周期模糊的问题；另一个是带宽的拉长极大地降低了 $\phi_J(t)$ 的不确定性对 τ_g 精度的影响，这一点与 VLBI 拉长基线极大地降低了 τ_g 的不确定性对目标航天器角度 θ 精度的影响相似）。

由更宽频率间隔横跨带宽生成的观测量包含的延迟模糊从窄带横跨带宽中可以依次序连贯确定下来。对于在 99% 置信水平的模糊分辨，在射电源坐标系中航天器几何延迟的先验信息必须达到最小横跨带宽倒数值的 $1/6$[5]。

例如，航天器角位置的先验信息必须达到 $1\mu\mathrm{rad}(1-\sigma)$ 的水平，以解算用 10 000km 的投影基线长度 5MHz 横跨带宽进行 ΔDOR 测量对应的时延模糊。这种水平的信息一般可以通过几个弧段的多普勒测速和测距信息得到。

一旦解算了对应于横跨带宽 f_{BWI} 的延迟模糊，那么就可以解对应于横跨带宽 ηf_{BWI} 的模糊，如下

$$\eta \leqslant 1/(6\sigma_{\phi_1}) \tag{4-36}$$

其中，σ_{ϕ_1} 为用于生成横跨带宽 f_{BWI} 对应几何时延的通道间差分及站间差分相位的 $1-\sigma$ 离散误差上界（周数）。离散误差，主要由系统热噪声、设备相位抖动以及交叉通道的晶振相位漂移组成，保守估计为 0.03 个相位周期。

在一个多侧音系统中，首先解算载波与和载波频率间隔 f_1 对应的模糊。然后解算横跨带宽 $2f_1$ 上的模糊。得到的延迟估计再去解算 (f_2-f_1) 对应的模糊，得到的这个估计延迟可以用于解算最宽的横跨带宽 $2f_2$ 对应的模糊。

4.5 信号相关处理模型与算法设计

4.5.1 航天器干涉测量信号处理

由于航天器干涉测量信号是确定性信号（一般为正弦侧音），因此对航天器信号相关处理要比射电源互相关处理简单得多。在 JPL 早期的深空任务中，采用了闭环接收机用以提取航天器侧音信号的相位[14]。但对于深空测控通信，其主要特点之一是信号的信噪比极低，使得通常采用的基于锁相环的闭环接收模式性能恶化，严重影响相干解调器的性能。JPL 根据数十年航天器差分干涉测量实践经验及目前的任务需要，开发了无线电科学接收机（VLBI science receiver，VSR），其硬件结构与 DSN 用以开展无线电科学研究的无线电科学接收机（radio science receiver，RSR）具有相同的配置，如图 4-5 所示[11]。ESA 在其最新部署的 ΔDOR 系统中，为了支持 ΔDOR

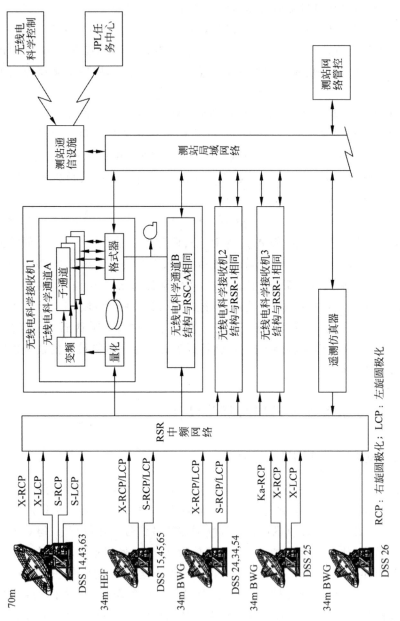

图 4-5　RSR 结构配置

信号接收及进行无线电科学实验(radio science experiment,RSE),对其原有的中频调制系统(interme diate frequency and modem system,IFMS)进行了改造,如图4-6所示[15]。VSR 和改造后的 IFMS 均是以开环模式对航天器正弦 DOR 侧音信号进行记录的。

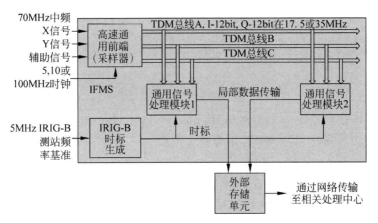

图 4-6　IFMS 结构配置

对正弦信号的相位提取,在理想情况下可简化为对受加性高斯白噪声影响的正弦信号相位做最优估计。对于 ΔDOR 测量,关键指标之一是航天器正弦 DOR 侧音的相位测量精度。根据统计信号处理理论[16],克拉美-罗下界(Cramer-Rao lower bound,CRLB)给出了对任意一个参数所有无偏估计量中方差所能达到的最小值,即根据现有的观测能够得到的最好估计。一旦找到了 CRLB 的无偏估计量,则该估计量必定是最小方差无偏估计。对于正弦信号的相位,情况略微复杂一些,其最小方差无偏估计依赖于对正弦相位的充分统计量。

设受到加性高斯白噪声影响的正弦信号序列为

$$x[n] = A\cos(2\pi f_0 n + \varphi) + \omega[n], \quad n = 0,1,\cdots,N-1 \quad (4\text{-}37)$$

其中,正弦信号的幅度 A、频率 f_0、噪声方差 σ^2 均已知,故信号相位的概率密度函数(probability density function,PDF)为[16]

$$p(\boldsymbol{x};\varphi) = \frac{1}{(2\pi\sigma^2)^{N/2}} \exp\left\{-\frac{1}{2\sigma^2}\sum_{n=0}^{N-1}\left[x[n] - A\cos(2\pi f_0 n + \varphi)\right]^2\right\}$$

$$(4\text{-}38)$$

为定义对正弦信号相位的充分统计量,将式(4-38)分解为

$$p(\boldsymbol{x};\varphi) = \frac{1}{(2\pi\sigma^2)^{N/2}} \exp\left\{-\frac{1}{2\sigma^2}\sum_{n=0}^{N-1} A^2\cos^2(2\pi f_0 n + \varphi) + \right.$$

$$\frac{A}{\sigma^2} T_1(\boldsymbol{x}) \cos\varphi - \frac{A}{\sigma^2} T_2(\boldsymbol{x}) \sin\varphi \Bigg\} \cdot$$

$$\exp\left[-\frac{1}{2\sigma^2} \sum_{n=0}^{N-1} x^2[n]\right] \tag{4-39}$$

其中，

$$\begin{cases} T_1(\boldsymbol{x}) = \sum_{n=0}^{N-1} x[n] \cos(2\pi f_0 n + \varphi) \\ T_2(\boldsymbol{x}) = \sum_{n=0}^{N-1} x[n] \sin(2\pi f_0 n + \varphi) \end{cases} \tag{4-40}$$

对正弦信号的最大似然估计（maximum likelihood estimation，MLE）可通过使 $p(\boldsymbol{x};\varphi)$ 最大求得，即等效于使

$$J(\varphi) = \sum_{n=0}^{N-1} [x[n] - A\cos(2\pi f_0 n + \varphi)]^2 \tag{4-41}$$

最小。将式（4-41）对 φ 求偏导数，可得：

$$\frac{\partial J(\varphi)}{\partial \varphi} = 2\sum_{n=0}^{N-1} (x[n] - A\cos(2\pi f_0 n + \varphi)) A\sin(2\pi f_0 n + \varphi) \tag{4-42}$$

进一步化简，可得对正弦信号的 MLE 为[16]

$$\hat{\varphi} = -\arctan \frac{\displaystyle\sum_{n=0}^{N-1} x[n] \sin(2\pi f_0 n + \varphi)}{\displaystyle\sum_{n=0}^{N-1} x[n] \cos(2\pi f_0 n + \varphi)} \tag{4-43}$$

由式（4-43）可见，正弦信号的 MLE 是其充分统计量 $T_1(\boldsymbol{x})$、$T_2(\boldsymbol{x})$ 的函数。

根据 MLE 的渐近特性定理，相位估计的渐近 PDF 满足：

$$\hat{\varphi} \sim N(\varphi, I^{-1}(\varphi)) \tag{4-44}$$

其中，费希尔信息 $I(\varphi)$ 为

$$I(\varphi) = -E\left[\frac{\partial^2 \ln p(\boldsymbol{x};\varphi)}{\partial \phi^2}\right] = \frac{NA^2}{2\sigma^2} \tag{4-45}$$

故渐近方差为[16]

$$\mathrm{Var}(\hat{\varphi}) = \frac{1}{N\dfrac{A^2}{2\sigma^2}} = \frac{1}{N\eta} \tag{4-46}$$

其中，$\eta = A^2/(2\sigma^2)$ 是正弦信号对白噪声的功率信噪比。

回顾 4.2 节中介绍过的内容，群延迟航天器差分单向测距观测量可重

写为

$$\Delta\rho - \rho_2 \quad \rho_1$$

$$= -\left(\frac{[\varphi_B - \varphi_A]'_{t_{3(2)}} - [\varphi_B - \varphi_A]'_{t_{3(1)}}}{\omega_B - \omega_A} \right)$$

$$= -\left(\frac{[\varphi_{t_{3(2)}} - \varphi_{t_{3(1)}}]'_B - [\varphi_{t_{3(2)}} - \varphi_{t_{3(1)}}]'_A}{\omega_B - \omega_A} \right)$$

$$= -\left(\frac{([\varphi_B]'_{t_{3(2)}} - [\varphi_A]'_{t_{3(2)}}) - ([\varphi_B]'_{t_{3(1)}} - [\varphi_A]'_{t_{3(1)}})}{\omega_B - \omega_A} \right) \tag{4-47}$$

不同表达形式意味着信号处理的方法不同。如果直接按照定义式进行处理,即在各测站对航天器两点频 ω_A、ω_B 信号到达测站的相位差进行联合估计,由于 $\omega_B - \omega_A$ 一般在几兆赫兹,因此数据量很大。式(4-47)中的第二种形式是将同一信号(ω_A 或 ω_B)到达两测站的相位差做联合估计,这需要在测站对航天器正弦 DOR 侧音采样并将记录值传到相关处理中心做互相关处理,而对正弦信号的相关处理,要比射电源的类白噪声互相关处理简单得多,只需要将两路信号相乘,即可得到包含相位差的正弦信号,但是这种相乘的方式必然带来噪声的附加项,降低信号相位估计的精度。而对于第三种表达形意味着对四个信号的相位进行独立测量,这是一种匹配滤波的方式,也是目前 JPL 在其 ΔDOR 实践中采用的所谓"本地相关"的处理算法,这种方式能够使得噪声对相位估计的影响达到最小,获得相位的最优估计。

下面介绍 JPL 的航天器差分单向测距的信号处理原理,JPL 采用的在单个测站对航天器正弦 DOR 侧音分别进行相关处理可用图 4-7 描述。

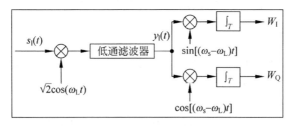

图 4-7 JPL 本地相关 DOR 信号处理原理

其中,

$$s_1(t) = \sqrt{2P_T}\cos(\omega_s t + \varphi) \tag{4-48}$$

为测站当地收到的航天器正弦 DOR 侧音的上下边带信号之一,ω_L 为测站本振信号的频率。

首先对信号进行混频及低通滤波，有

$$y_1(t) = \sqrt{P_T} \cos\left[(\omega_s - \omega_L)t + \varphi\right] \tag{4-49}$$

对 $y_1(t)$ 信号中的初始相位 φ 做 MLE 估计，有

$$\hat{\varphi} = -\frac{W_I}{W_Q} \tag{4-50}$$

其中，

$$W_I = \int_0^T \left[y_1(t)\sin(\omega_s - \omega_L)t\right] \mathrm{d}t \tag{4-51}$$

$$W_Q = \int_0^T \left[y_1(t)\cos(\omega_s - \omega_L)t\right] \mathrm{d}t \tag{4-52}$$

T 为积分时间。

本地相关的好处在于，它是利用匹配滤波的思想提取正弦侧音信号的相位，使噪声的影响达到最小。其关键之处在于在测站当地分别对航天器正弦侧音上下边带建立一个本地模型，这个模型是无白噪声影响的纯侧音。用这个"人造"的信号与接收到的信号做相关处理，可以使相位精度渐近达到 CRLB。

式（4-46）给出的是离散形式下的 CRLB，下面分析连续形式下的 CRLB。在实际的信号处理中，受加性高斯白噪声影响的连续正弦波，在被采样周期为 T_s 的数字采样之前，需要经过低通滤波，且滤波器带宽为 $1/(2T_s)$，这个带宽即为奈奎斯特带宽。单边噪声功率谱密度为 N_0 的噪声功率 P_N，可以表示为

$$P_N = \sigma^2 = \frac{N_0}{2T_s} \tag{4-53}$$

另外，由于正弦信号的幅值为 A，故其功率为

$$P_r = \frac{A^2}{2} \tag{4-54}$$

整理可得连续形式下正弦信号相位估计的费希尔信息为

$$I(\varphi) = \frac{NA^2}{2\sigma^2} = \frac{NP_r}{N_0/2T_s} = 2(P_r/N_0)(NT_s) \tag{4-55}$$

注意到，N 为用于相位估计的数据点数，T_s 为采样周期，则 NT_s 为相位估计的积分时间 T，即有

$$I(\varphi) = 2T(P_r/N_0) \tag{4-56}$$

因此连续形式下正弦信号相位估计的 CRLB 为

$$\mathrm{Var}(\hat{\varphi}) = \frac{1}{2T(P_r/N_0)} \tag{4-57}$$

考虑本地相关测量与航天器差分单向测距观测量的关系：

$$\Delta\rho = \left(\frac{\left(\lfloor \varphi_B \rfloor'_{t_{3(2)}} - \lfloor \varphi_A \rfloor'_{t_{3(2)}} \right) - \left(\lfloor \varphi_B \rfloor'_{t_{3(1)}} - \lfloor \varphi_A \rfloor'_{t_{3(1)}} \right)}{\omega_B - \omega_A} \right) \quad (4\text{-}58)$$

因此，相位测量热噪声对航天器差分单向测距的影响为

$$\sigma_{\Delta\rho} = \frac{\sqrt{\left[\left(\sigma_{\varphi_B}\right)_{t_{3(2)}} \right]^2 + \left[\left(\sigma_{\varphi_B}\right)_{t_{3(1)}} \right]^2 + \left[\left(\sigma_{\varphi_A}\right)_{t_{3(2)}} \right]^2 + \left[\left(\sigma_{\varphi_A}\right)_{t_{3(1)}} \right]^2}}{\omega_B - \omega_A}$$

$$(4\text{-}59)$$

采用正弦 DOR 侧音对载波调相，则 ω_B、ω_A 分别为同一正弦 DOR 侧音上下边带信号的频率，因此有[11]

$$\sigma_{\Delta\rho} = \frac{1}{2\omega_{\mathrm{DOR}}} \sqrt{\frac{1}{(P_{\mathrm{DOR}}/N_0)_1 T_{\mathrm{obs}}} + \frac{1}{(P_{\mathrm{DOR}}/N_0)_2 T_{\mathrm{obs}}}} \quad (4\text{-}60)$$

其中，$2\omega_{\mathrm{DOR}} = \omega_B - \omega_A$；$(P_{\mathrm{DOR}}/N_0)_i$，$(i=1,2)$ 分别为正弦 DOR 侧音到达测站 1、2 的信号噪声功率谱密度比，T_{obs} 为积分时间。

4.5.2　正弦信号闭环和开环跟踪的基本数学模型

根据统计信号处理理论[16]，单个正弦信号相位估计的 CRLB 给出如下：

$$\mathrm{Var}(\hat{\theta}) = \frac{1}{2T(P_r/N_0)} \quad (4\text{-}61)$$

其中，$\mathrm{Var}(\cdot)$ 表示方差，P_r/N_0 为正弦信号的信噪谱密度比，T 为对正弦信号进行相位估计时的积分时间。可见，在 P_r/N_0 有限的条件下，提高正弦信号相位估计精度的主要方式是延长信号积分时间，而提高信号积分时间之前必须消除信号动态，否则会导致相位估计不准甚至得到错误的结果。

跟踪正弦信号的方法主要分为两大类，一类是以锁相环为代表的闭环估计方法，一类是以极大似然估计为代表的开环估计方法（4.5.1 节中已详细介绍）。两种方法在本质上是等价的，但是特性不同。锁相环适用于信号信噪谱密度比较高时的实时跟踪，其闭环反馈特性使锁相环自身能够比较好的自适应信号动态，其抗噪声特性主要取决于环路噪声带宽，带宽越窄噪声抑制能力越强，但在低信噪谱密度比条件下很难正常工作，并且提高信号积分时间的能力受限于环路稳定性；而对于极大似然估计，无工作稳定性的硬性要求，积分时间可依据相位估计精度任意设置，因此能够很好地适应低信噪谱密度比的工作条件，但其前提是必须充分消除信号动态，以便提高

积分时间。下面介绍锁相环的基本数学模型。

锁相环的基本原理框图如图 4-8 所示[17]。

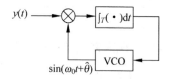

图 4-8 锁相环的基本原理框图

经典的二阶锁相环可以 S 域系统闭环传递函数 $H(s)$ 的形式表示如下[18]：

$$H(s) = \frac{2\xi\omega_n s + \omega_n^2}{s^2 + 2\xi\omega_n s + \omega_n^2} \tag{4-62}$$

其中，ξ 为环路的阻尼系数，一般取 0.707 以便达到最佳的环路过渡响应，ω_n 为环路的自然频率。环路另外一个重要参数，环路噪声带宽与上述两个参数的关系如下[19]：

$$B_L = \frac{\omega_n}{2}\left(\xi + \frac{1}{4\xi}\right) \tag{4-63}$$

4.5.3 弱信号相关处理算法

基于航天器下行信号的特点，即下行信号中分别含有载波、多个 DOR 音或遥测谐波，选取正弦信号闭环和开环估计的混合结构实现下行信号中各点频相位的精确估计。对于下行中的残留载波信号，由于其信噪谱密度比通常大于 40dB·Hz，因此可采用软件锁相环进行信号重建，作为对载波相位的估计值。而对于 DOR 音或遥测谐波，其信噪谱密度比通常不大于10dB·Hz，传统的软件锁相环很难实现对 DOR 音或遥测谐波的锁相跟踪，因此只能采用开环估计手段通过延长积分时间的方式实现其余各通道相位的估计，但其中最关键的难题是消除各 DOR 音或遥测谐波的多普勒动态，否则无法进行相位估计。为解决这一问题，可以利用下行信号中载波与 DOR 音或遥测谐波相干这一重要特性，提取载波重建信号中的多普勒动态信息，并基于该信息对各 DOR 音或遥测谐波原始信号进行多普勒补偿，从而将原始信号中的 DOR 音或遥测谐波下变频至几乎为零频附近，进而对其进行长时间积分，实现对 DOR 音或遥测谐波信号相位的精确估计。信号相关处理算法的基本原理框图如图 4-9 所示。

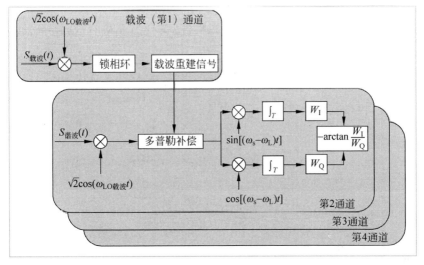

图 4-9 航天器信号相关处理算法框图

4.5.4 射电源宽带信号的相关处理

如果信号源发出的是类似于白噪声的宽谱信号,则延迟误差依赖于接收天线的天线增益和系统噪声温度之比(G/T),信号源的信号通量密度,通道采样率,观测时间及扩展带宽。当确定了一个跟踪弧段所选用的天线和选用信号源的信号密度,则通道采样率的选取原则是在不超出实际数据传输能力的前提下尽可能将热噪声的误差降低到可以接受的程度。

首先给出宽谱信号(射电源信号或者航天器下行遥测、数传等宽带信号)相关处理热噪声影响的误差计算公式。

对于宽谱信号的相关处理,按照幅度相关的方法得到相关函数的幅度为[13]

$$D(\Delta\tau) = K_1 W \frac{\sin(\pi W \Delta\tau)}{\Delta\tau} \tag{4-64}$$

W 为单通道的接收带宽;$\Delta\tau = \tau_g - \tau_m$,$\tau_g$ 为时延真值,τ_m 为时延理论值。

考虑到噪声 $n(t)$,则实际的互相关函数为

$$R(\tau_g, \tau_m, t) = D(\Delta\tau)\cos\phi_f(t) + n(t) \tag{4-65}$$

其中,$n(t)$ 为白噪声。可以分析得出,停止条纹的信噪比为

$$\frac{S}{N} = \frac{D(\Delta\tau)_{\max}}{\sigma_n} = \frac{D(0)}{\sigma_n} = \sqrt{\frac{T_{a_1} T_{a_2} WT}{T_{s_1} T_{s_2}}} \tag{4-66}$$

其中,σ_n 为条纹噪声的均方根值,T_{a_1}、T_{a_2} 为射电源在测站 1、2 的有效温度,T_{s_1}、T_{s_2} 为测站 1、2 的系统噪声温度,W 为通道带宽,T 为积分时间。

互相关函数的相位测量误差为

$$\sigma_{\phi_f} = \arctan\left(\frac{\text{noise}}{\text{signal}}\right) \approx \frac{\text{noise}}{\text{signal}} = \frac{1}{S/N} = \frac{N}{S} \tag{4-67}$$

因此,由带宽综合得到的延迟测量误差为

$$\sigma_{\tau_g} = \frac{\sqrt{2}\,\sigma_{\phi_f}}{2\pi(f_{s_2} - f_{s_1})} = \frac{\sqrt{2}\,\sigma_{\phi_f}}{2\pi\Delta f} \tag{4-68}$$

代入 σ_{ϕ_f},有:

$$\sigma_{\tau_g} = \frac{\sqrt{2}}{2\pi\Delta f}\sqrt{\frac{T_{s_1}T_{s_2}}{T_{a_1}T_{a_2}WT}} \tag{4-69}$$

对于 T_{a_1}、T_{a_2},有[5]:

$$T_{a_i} = \frac{1}{2}\frac{10^{-26}}{k}J\varepsilon_i\frac{\pi}{4}d_i^2 \tag{4-70}$$

其中,$i=1,2$ 表示测站 1、2;$k=1.38\times10^{-23}$ J/K 为玻耳兹曼常数;J 为射电源的流量密度(Jy,$1\text{Jy}=10^{-26}$ W·$/(\text{m}^2\cdot\text{Hz})^{-1})$;$\varepsilon_i$ 为测站 i 的天线效率;d_i 为测站 i 的天线直径(m)。

因此,射电源的等效噪温可进一步计算为

$$T_{a_i} = \frac{1}{2}\frac{10^{-26}}{1.38\times10^{-23}}J\varepsilon_i\frac{\pi}{4}(2r_i)^2 = 3.6\times10^{-4}J\varepsilon_i\pi r_i^2 \tag{4-71}$$

其中,r_i 为天线半径。

此外,考虑由量化损失及系统损失引起的损失因子 C_L(1 比特量化时取 0.5,2 比特量化时取 0.7,更高比特量化时取 0.8)。因此,对射电源或宽带信号热噪声影响的计算公式为[20-23]

$$\sigma_{\tau_g} = \frac{1}{C_L 2\pi\Delta f}\sqrt{\frac{2T_{s_1}T_{s_2}}{T_{a_1}T_{a_2}WT}} \tag{4-72}$$

在实际观测中,需要考虑以下参数:通道带宽一般选取为 1MHz、2MHz、4MHz,分辨率为 2 比特/采样点。相应的采样速率为 2、4、8 兆采样/通道。至少需要记录 2 个通道的数据以形成群延迟。记录其他通道是为了整周解模糊,但这些"内侧"通道的量化值可以略小。影响这一误差项的参数有:

(1)天线 i 的 G/T 值;

(2)通道采样率 D;

（3）信号源相关密度 S_c；

（4）系统损失因子 K_L；

（5）玻耳兹曼常数 $k=1.38\times10^{-23}$ J/k；

（6）射频波长 λ。

在将两个测站的记录数据相关处理之后，进行 T_{QU} 时长的积分平均，则单通道数据的电压信噪比为[7]

$$\mathrm{SNR}_{QU}=K_L\,\frac{10^{-26}}{2k}\,\frac{\lambda^2}{4\pi}S_c\sqrt{(G/T)_1(G/T)_2}\,\sqrt{DT_{QU}} \qquad (4\text{-}73)$$

当延迟是由频率间隔为 f_{BW} 的两个通道相位测量结果计算时，延迟误差为

$$\varepsilon_{\tau_{QU}}=\frac{\sqrt{2}}{2\pi f_{BW}}\,\frac{1}{\mathrm{SNR}_{QU}} \qquad (4\text{-}74)$$

4.6 信号检测门限

4.6.1 DOR 音检测门限

信号检测门限一般用 1s 积分的 SNR 电压值来表征。对于一个正弦航天器信号，检测门限也可以表达为侧音功率与噪声功率的谱密度比。对于宽带射电源信号，检测门限可以表达为源的通量密度、天线增益、天线噪声温度以及记录带宽的函数。这里给出的检测门限并不是理论限制，而是基于典型的系统相干时间和操作数据的处理方法。

检测门限为[5]

$$\text{对于航天器侧音}\quad \mathrm{SNR}_{V1}^{SC}\geqslant5.0 \quad (A)$$

$$\text{对于宽带射电源}\quad \mathrm{SNR}_{V1}^{QSR}\geqslant1.3 \quad (B)$$

其中，SNR_{V1} 为 1s 积分时间的电压 SNR。检测门限的不同是由有效相干时间引起的。射电源信号的检测是基于 60s 的积分时间给出的，因为对射电源信号的几何延迟已经具有很高精度的先验信息。但是航天器信号的检测一般都是基于 1s 量级的积分时间，因为侧音相位先验模型的精度并不高。如果航天器传输的载波信号满足准则（A），并且差分测量会使用与载波相干的侧音信号，那么对于边带侧音的检测门限可以放宽为

$$\text{当航天器侧音与载波相干，并且载波满足准则（A）}\quad \mathrm{SNR}_{V1}^{SC}\geqslant1.3 \quad (C)$$

对于航天器侧音，1s 电压 SNR 与 P_{Tone}/N_0 有关，即在 1Hz 带宽内的载波功率与噪声功率的比值为[5]

$$\mathrm{SNR}_{V1}^{\mathrm{SC}} = \sqrt{\frac{2}{\pi} \frac{2P_{\mathrm{Tone}}}{N_0}} \tag{4-75}$$

其中，因子 $2/\pi$ 为对信号 1 比特采样的影响。对于多级采样系统因子 $2/\pi$ 将被 1 替换。准则（A）和（C）可重写为[6]

对于一个航天器侧音 $\quad \dfrac{P_{\mathrm{Tone}}}{N_0} \geqslant 13\mathrm{dB} \cdot \mathrm{Hz} \tag{A'}$

航天器侧音与载波相干，且载波满足准则（A'） $\dfrac{P_{\mathrm{Tone}}}{N_0} \geqslant 1\mathrm{dB} \cdot \mathrm{Hz} \quad$ （C'）

4.6.2　射电源信号检测门限

对于宽带射电源信号，1s 积分电压 SNR 与系统参数有关[5]

$$\mathrm{SNR}_{V1}^{\mathrm{QSR}} = K_{\mathrm{L}} \frac{2}{\pi} \sqrt{\frac{T_{q_1}}{T_{s_1}} \frac{T_{q_2}}{T_{s_2}}} \sqrt{N_{\mathrm{b}}} \tag{4-76}$$

其中，K_{L} 表征系统的损失因子（$0.8\sim1.0$），因子 $2/\pi$ 为对信号 1 比特采样的影响，T_{q_i}、T_{s_i} 为在天线 i 处相关后源的温度和系统噪声温度，N_{b} 为 1s 的采样数据数。在天线 i 处相关后源的温度可近似给出为

$$T_{q_i} = 0.00030\varepsilon_i \pi r_i^2 S_{\mathrm{c}} \tag{4-77}$$

其中，ε_i、r_i 为天线 i 处的效率和半径（m）；S_{c} 为相关后的源流量密度（Jy）。对于工作在 X 频段的 DSN 的 NCB-VLBI 系统，$K_{\mathrm{L}}=0.8$。70m 直径天线在仰角为 $10°$ 时效率 $\varepsilon=0.60$；对于 34m 直径天线仰角为 $10°$ 时效率 $\varepsilon=0.68$，$T_s\approx30\mathrm{K}$，$N_{\mathrm{b}}=500\,000$。将这些名义值代入式（4-76）和式（4-77），准则（B）可以重新表述为如表 4-2 所示的 DSN 天线对所需的最小相关通量[24]。

表 4-2　X 频段 NCB-VLBI 系统信号检测所需的最小相关通量密度

DSN 天线对	最小相关通量
$70\sim70\mathrm{m}$	0.16Jy
$70\sim34\mathrm{m}$	0.30Jy
$34\sim34\mathrm{m}$	0.60Jy

4.7　精度分析与误差预算

航天器 ΔDOR 测量的最终精度取决于航天器时延测量的精度、射电源时延的测量精度、射电源位置的准确度、时钟稳定性和设备的相位响应以及

地球自转和传输介质延迟的不确定性等[25]。由于因素众多,因此对于 DOR 侧音功率水平和横跨带宽的要求要依据整体的 ΔDOR 测量精度,而不仅仅是 DOR 测量的准确性[26]。这里给出了简单的用于计算 ΔDOR 测量精度的准则。

通常,一次 ΔDOR 测量包含三次"扫描"并且将每次几分钟的扫描结果进行数据存储。扫描次序为航天器—射电源—航天器[4]。一个 ΔDOR 测量观测量是由三次扫描测量的线性组合生成的,从而消除线性的暂态误差。在 ΔDOR 观测中观测量是时延。

1) 航天器 SNR

对于侧音相位测量的准确度,由侧音相位测量的误差来表征,并进一步得到时延误差[7]:

$$\varepsilon_{\tau}^{\mathrm{SC}} = \frac{1}{2\pi f_{\mathrm{BW}}} \sqrt{\frac{2}{(P/N_0) \cdot T_{\mathrm{obs}}}} \tag{4-78}$$

其中,f_{BW} 为扩展带宽(Hz),P/N_0 为 DOR 侧音信噪谱密度比(Hz),T_{obs} 为积分时间(s)。

2) 射电源 SNR

射电源的延迟测量误差为[5,7]

$$\varepsilon_{\tau}^{\mathrm{QSR}} = \frac{\sqrt{2}}{2\pi f_{\mathrm{BW}} \cdot \mathrm{SNR}^{\mathrm{QSR}}} \tag{4-79}$$

用于射电源延迟测量的横跨带宽必须与用于航天器侧音测量的相同,以保证能够消除发散的设备相位误差。

3) 射电源位置[5,7]

参考射电源位置的不确定性将引起 ΔDOR 测量误差。假设射电源的球面误差为 ε_{θ}(rad),则延迟误差为

$$\varepsilon_{\tau} = \frac{B_{\mathrm{p}}}{c} \varepsilon_{\theta} \tag{4-80}$$

其中,B_{p} 为投影基线长度。

4) 时钟稳定性

测站频标的不稳定性或设备的动态不稳定性也会引起时延测量误差,这个误差取决于航天器和射电源的观测间隔。延迟误差为[5,7]

$$\varepsilon_{\tau} = \sqrt{2} T_{\mathrm{SC-QSR}} \varepsilon_{\Delta f/f} \tag{4-81}$$

其中,$T_{\mathrm{SC-QSR}}$(s)为航天器和射电源的观测时间间隔,$\varepsilon_{\Delta f/f}$ 为测站频标和频率分布系统的综合阿伦标准偏差。

5) 设备相位抖动

射电源信号受到测站设备通带的相位响应的影响,而航天器侧音受到对应于侧音频率处的设备相位漂移的影响。相对于平滑相位的偏离相位对频率的传递函数称作"相位抖动"。ε_ϕ (°)的设备相位抖动引起的时延测量误差为[5,7]

$$\varepsilon_\tau = \sqrt{2}\,\sqrt{2}\,\frac{1}{f_{BW}}\,\frac{\varepsilon_\phi}{360°} \tag{4-82}$$

其中,假设各测站各个通道的相位抖动是独立的,并且假设对于射电源测量的相位抖动均值为 0。

6) 站址误差

站址误差引起的时延测量误差依赖于航天器—射电源的角度分离。假设基线位置分量的球面误差为 ε_{STN},则延迟误差为[5,7]

$$\varepsilon_\tau = \Delta\theta\,\frac{\varepsilon_{STN}}{c} \tag{4-83}$$

其中,$\Delta\theta$ 为航天器—射电源的角度分离值(rad)。

7) 地球定向

在惯性空间中地球定向的不确定性引起的时延误差与站址误差项的形式相同。延迟误差为[5,7]

$$\varepsilon_\tau = \Delta\theta\,\frac{\varepsilon_{UTPM}}{c} \tag{4-84}$$

其中,ε_{UTPM} 为 UT1-UTC 的位置误差和地球表面的极移。

8) 对流层

由湿性大气引起的在天顶方向的时延系统误差为[5,7]

$$\varepsilon_\tau = \frac{\rho_2}{c}\left|\frac{1}{\sin\gamma_{SC}} - \frac{1}{\sin\gamma_{QSR}}\right| \tag{4-85}$$

其中,ρ_2 为天顶延迟的误差,γ_{SC} 为航天器的仰角,γ_{QSR} 为射电源的仰角。对于每个测站都要考虑这项误差。

9) 电离层

电离层延迟与信号频率以及校准后的路径不确定性有关。根据法拉第旋转(Faraday rotation),依据射电源双频 VLBI 观测给出的电离层校准结果有如下的一个粗略的估计式[5,7]

$$\varepsilon_\tau = \frac{1.46 + 16.9\Delta\theta}{f_{RF}^2}\times 10^{-9} \tag{4-86}$$

其中,$\Delta\theta$ 为航天器—射电源的角度分离值(rad),f_{RF} 为信号的射频频率(GHz)。

10)太阳等离子体

太阳等离子体引起的误差取决于信号频率和信号对太阳的辐射路径。估计这项误差的经验公式为[5,7]

$$\varepsilon_\tau = \frac{0.013}{f_{RF}^2} [\sin(SEP)]^{1.3} \left(\frac{B_p}{v_{SW}}\right)^{0.75} \times 10^{-9} \tag{4-87}$$

其中,SEP 为太阳—射电源的夹角,B_p 为在信号离太阳最近的方向上的投影长度(km),v_{SW}(km/s)为太阳风的速度,f_{RF} 为信号频率(GHz)。对于航天器和射电源需要分别考虑这项误差。

11)总误差

ΔDOR 测量的预算误差为上述十项误差平方和的根。

图 4-10 给出了 NASA 深空网 ΔDOR 测量的误差预算[2]。图中所达到的水平是对平均角间距 6°的航天器和附近的参考射电源进行 1h 多次交替观测实现的。其中,航天器与参考源的角间距为 6°,对于类星体的数据记录速率为 64Mb/s。角精度数据是通过将响应的延迟误差除以 8000km 基线获得的,单位为 ns。

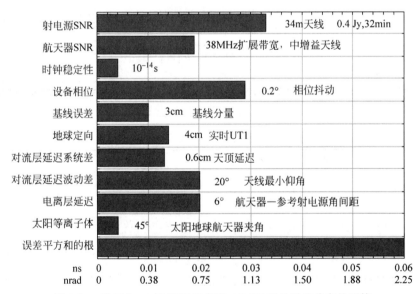

图 4-10 对于 2004 年 DSN X 频段 ΔDOR 测量误差分布的预算

4.8 ΔDOR 测量技术应用

由于 ΔDOR 测量至少需要两个测站,而基线的多样性增长可以提高导航精度,因此这一技术非常适合机构间合作。两条基线测量能够确定航天器角位置坐标的两个分量,而当两基线相互垂直时能够提供最好的二维覆盖。由于大多数航天机构并不具备足够多的测站站点以提供垂直的测量基线,因此该技术非常适合于国际合作。

2013 年 5 月 24 日,我国深空站与欧洲航天局深空站共同开展对在轨"金星快车"探测器进行干涉测量交互支持验证试验,组织喀什 35m 深空站、佳木斯 66m 深空站和欧洲航天局新诺舍 35m 深空站、塞夫雷罗斯 35m 深空站共同对"金星快车"联合开展了 ΔDOR 干涉测量,包括两组射电源——"金星快车"——射电源的交替观测,试验观测时间持续 1h。试验期间"金星快车"的下行信号频谱结构如图 4-11 所示。

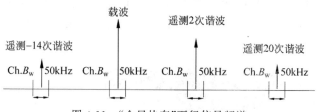

图 4-11 "金星快车"下行信号频谱

用于干涉测量的探测器信号包括 4 个点频,分别为载波、遥测 2 次谐波、遥测－14 次谐波和遥测 20 次谐波。各频点频率如表 4-3 所示。

表 4-3 "金星快车"下行信号各频点频率

频　　点	频率/Hz
载波	8 419 083 665
遥测 2 次谐波	524 288
遥测－14 次谐波	－3 670 016
遥测 20 次谐波	5 242 880

以 CEB 站为例,站内 4 个通道记录的原始信号频谱(120s 积分)如图 4-12 所示。

由图 4-12 可见,载波通道信噪比最强,120s 的数据已经可以很清晰地看到信号存在较大的多普勒动态;第 2 通道显示遥测 2 次谐波谱线仍然可

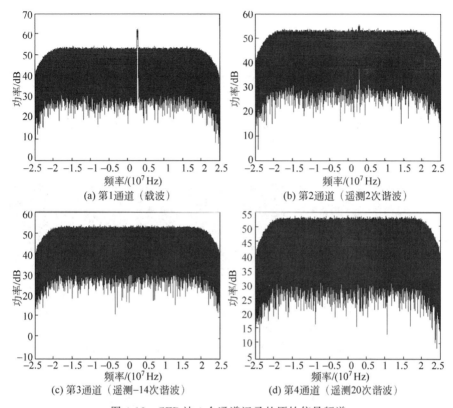

图 4-12　CEB 站 4 个通道记录的原始信号频谱

见,但信噪比较弱,第 3、4 通道基本观测不到频谱,可见遥测－14 次、20 次谐波信号已经非常微弱。进一步的信噪比估计表明,载波信噪谱密度比大于 40dB·Hz,遥测 2 次谐波信噪谱密度比约为 20dB·Hz,遥测－14 次、20 次谐波信噪谱密度比均不足 10dB·Hz。

4.8.1　欧洲航天局深空站原始数据相关处理结果

对欧洲航天局两个站采集记录的"金星快车"原始数据进行相关处理,得到相关处理干涉条纹如图 4-13 所示。

图 4-13 清晰地显示了"金星快车"干涉测量数据的相位干涉条纹,证明相关处理器实现了对深空探测器信号的正确处理。

对射电源信号进行相关处理,得到信号相关处理干涉条纹如图 4-14 所示。

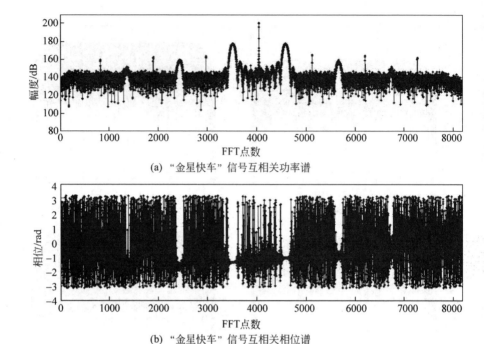

(a) "金星快车"信号互相关功率谱

(b) "金星快车"信号互相关相位谱

图 4-13 欧洲航天局两深空站"金星快车"信号相关处理干涉条纹

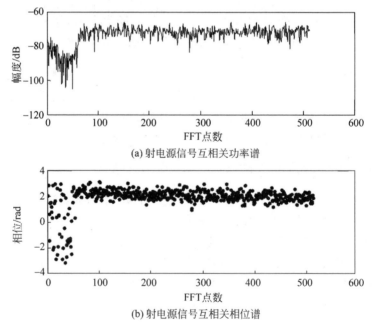

(a) 射电源信号互相关功率谱

(b) 射电源信号互相关相位谱

图 4-14 欧洲航天局两深空站射电源信号相关处理干涉条纹

图 4-14 清晰地显示了射电源干涉测量数据的相位干涉条纹,证明相关处理器实现了对射电源信号的正确处理。

为进一步比对相关处理器的计算处理精度,将欧洲空间操作中心和北京中心处理的"金星快车"、射电源时延结果比对在表 4-4 中给出。

表 4-4　ESOC 与北京中心相关处理结果比对

观测量时标	ESOC 处理时延/ns	北京中心处理时延/ns	差异/ns
07:48:33.000	−4 180 977.909	−4 180 977.896	0.013
07:59:03.011	−91 922.845	−91 922.630	0.215
08:10:33.000	−1 636 282.394	−1 636 282.428	0.036
08:19:32.900	−569 384.990	−569 385.004	0.014
08:30:03.010	3 451 412.413	3 451 412.659	0.246
08:41:33.000	2 089 369.712	2 089 369.695	−0.017

由表 4-4 结果可见,基于相同的欧洲航天局两个深空站干涉测量原始数据,双方处理的"金星快车"时延结果相差约为 0.2ns,射电源时延结果相差小于 0.05ns。根据欧洲航天局评估其新诺舍—塞夫雷罗斯基线对"金星快车"的 △DOR 测量结果,精度约为 1ns。而双方计算的时延结果远小于这一数值,因此证明我国深空测控网干涉测量系统相关处理器能够实现对深空探测器和射电源信号的正确处理。

4.8.2　喀什—佳木斯基线原始数据相关处理结果

喀什及佳木斯深空站采集记录的"金星快车"干涉测量原始数据如图 4-15 所示。

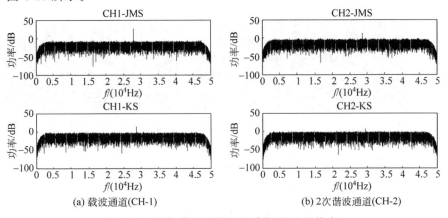

(a) 载波通道(CH-1)　　　　　　　(b) 2次谐波通道(CH-2)

图 4-15　喀什、佳木斯深空站采集的"金星快车"
原始数据频谱(佳木斯:上;喀什:下)

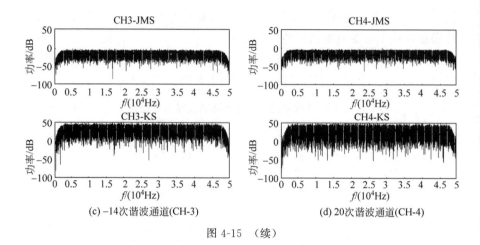

(c) −14次谐波通道(CH-3)　　　　　　(d) 20次谐波通道(CH-4)

图 4-15　(续)

对两个站采集记录的"金星快车"原始数据进行相关处理,得到相关处理干涉条纹如图 4-16 所示。

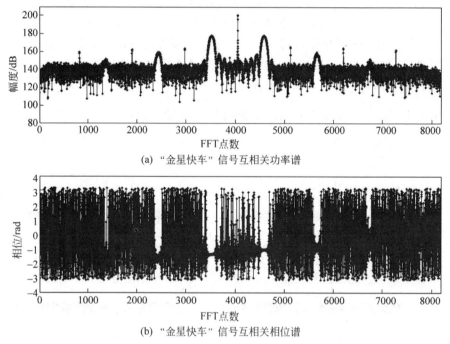

(a) "金星快车"信号互相关功率谱

(b) "金星快车"信号互相关相位谱

图 4-16　喀什—佳木斯基线"金星快车"信号相关处理干涉条纹

图 4-16 清晰地显示了"金星快车"干涉测量数据的相位干涉条纹,证明利用我国深空站站内干涉测量采集记录设备实现了对深空探测器信号正确

的采样记录,我方相关处理器基于这一数据实现了对深空探测器信号的正确处理。

对射电源信号进行相关处理,得到信号相关处理干涉条纹如图 4-17 所示。

图 4-17 清晰地显示了射电源干涉测量数据的相位干涉条纹,证明利用我深空站站内干涉测量采集记录设备实现了对射电源信号正确的采样记录,我方相关处理器基于这一数据实现了对射电源信号的正确处理。

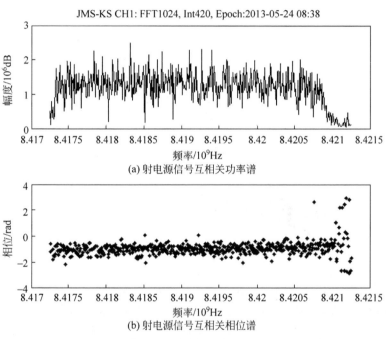

图 4-17　喀什—佳木斯基线射电源信号相关处理干涉条纹

4.9　ΔDOR 的扩展应用

4.9.1　利用地球同步导航卫星作为标校源的 ΔDOR

4.9.1.1　技术特点

前面已经介绍,ΔDOR 通过对目标航天器和位置精确已知的致密射电源进行交替观测,利用差分尽可能消除各类误差,从而获得对目标航天器的测量结果。但在某些场景下,可能无法找到合适的射电源作为标校源。这是因为：为了尽可能消除电离层、对流层引入的误差，需要目标航天器和射电源的角位置尽可能的接近，通常要求两者角距小于 10°，然而受限于射电源的信号强度和地面站的接收性能，地面站有可能在角距 10°内无法找到能够正确接收和处理的射电源信号。

在这种情况下，可以考虑利用地球同步导航卫星替代自然射电源进行差分干涉测量，基本原理如图 4-18 所示。地面信号接收处理过程与传统的差分干涉测量一致，地面站分别接收同步导航卫星和目标航天器的信号进行处理，获得目标航天器的时延值。

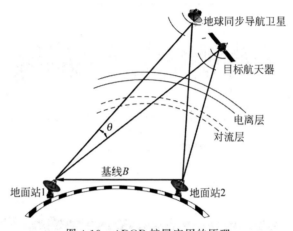

图 4-18　ΔDOR 扩展应用的原理

由于地球同步导航卫星相对于地球静止，其空间位置基本不变，而且其位置精确已知，因此可将其视为标校射电源。此外，地球同步导航卫星的信号强度非常强，通常其信号强度为普通射电源的信号强度的 100~1000 倍。测站接收到信号的信噪比比普通射电源要大得多，时延随机误差将显著减少，从而提高测量的精度。

4.9.1.2　实现步骤

利用地球同步导航卫星进行差分干涉测量共分为以下 5 个步骤：

（1）根据目标航天器的轨道特性，初步确定与目标航天器夹角小于 10°的地球同步导航卫星。

通常目标航天器是巡航飞行或者环绕行星飞行，其飞行轨道特性稳定。根据目标航天器、地面测站和地球同步导航卫星之间的空间几何位置关系，可以获得地球同步导航卫星和目标航天器的夹角 θ。当目标航天器和地球同步导航卫星的夹角较大时，两者发送的信号经过电离层和对流层时的信号路径不同,引入的误差较难消除。为了保证目标航天器时延值中的各类误差很好地消除,目标航天器和地球同步导航卫星的夹角需要小于 10°。根据目标航天器的轨道特性以及目标航天器和地球同步导航卫星的夹角的约束条件,可以初步确定标校用的地球同步导航卫星。

(2) 根据目标航天器的信号特性,选择与目标航天器信号处于同一频段且信号特征一致的地球同步导航卫星。

本步骤则是在步骤(1)的基础上对地球同步导航卫星进行进一步的筛选。通常电离层引入的误差与信号频率是相关的,此外,信号由地面测站接收后,信号处理过程中仪器设备引入的误差与接收信号的频率也是相关的。若地球同步导航卫星的信号频率选择与目标航天器信号频率非常接近,由此引入的各种误差可更好地消除。根据步骤(1)和步骤(2)可以确定多颗标校用的地球同步导航卫星,这些地球同步导航卫星均满足时延误差标校的需求。若要实现更高精度的时延误差标校的需求,可对上述满足要求的地球同步导航卫星进行优选,与目标航天器的夹角最小且信号频率最接近的地球同步导航卫星为最优的标校卫星。

(3) 测站对地球同步导航卫星和目标航天器进行交替观测,分别获得地球同步导航卫星和目标航天器干涉测量的时延值观测值 τ_{SC}、τ_{GEO}。

地面测站接收目标航天器信号进行相关处理,可获得目标航天器干涉测量时延观测值记为 τ_{SC},该观测值包含了目标航天器时延真实值和电离层、对流层以及仪器设备引入的误差,其可以表示为

$$\tau_{SC} = \tau_{g-SC} + \tau_{ino-SC} + \tau_{tro-SC} + \tau_{ins-SC} + \tau_{cl-SC} + \tau_{\sigma-SC} \quad (4-88)$$

其中:τ_{g-SC} 是目标航天器时延真实值(s);τ_{ino-SC} 是电离层引入的时延误差(s);τ_{tro-SC} 是对流层引入的时延误差(s);τ_{ins-SC} 是仪器设备引入的时延误差(s);τ_{cl-SC} 是两个测站的钟差引入的时延误差(s);$\tau_{\sigma-SC}$ 是系统随机误差(s)。

同理,对于地面测站接收地球同步导航卫星信号进行相关处理可获得其时延测量值记为 τ_{GEO},其可以表示为

$$\tau_{GEO} = \tau_{g-GEO} + \tau_{ino-GEO} + \tau_{tro-GEO} + \tau_{ins-GEO} + \tau_{cl-GEO} + \tau_{\sigma-GEO}$$
$$(4-89)$$

其中:τ_{g-GEO} 是地球同步导航卫星时延真实值(s);$\tau_{ino-GEO}$ 是电离层引入的时延误差(s);$\tau_{tro-GEO}$ 是对流层引入的时延误差(s);$\tau_{ins-GEO}$ 是仪器设备引入的时延误差(s);τ_{cl-GEO} 是两个测站的钟差引入的时延误差(s);$\tau_{\sigma-GEO}$ 是系统随机误差(s)。

(4) 根据地球同步导航卫星的精确位置,对测量过程中的误差进行

标定。

假设地球同步静止卫星信号传播处理过程中引入的误差记为 ε_{GEO}，根据地球同步导航卫星时延测量值表达式(4-89)，可以得到各类误差标定结果：

$$\varepsilon_{\text{GEO}} = \tau_{\text{ino-GEO}} + \tau_{\text{tro-GEO}} + \tau_{\text{ins-GEO}} + \tau_{\text{cl-GEO}} + \tau_{\sigma-\text{GEO}}$$
$$= \tau_{\text{GEO}} - \tau_{\text{g-GEO}} \tag{4-90}$$

（5）计算目标航天器干涉测量精确时延值。

假设目标航天器信号传播处理过程中引入的误差记为 ε_{SC}，其表示为

$$\varepsilon_{\text{SC}} = \tau_{\text{ino-SC}} + \tau_{\text{tro-SC}} + \tau_{\text{ins-SC}} + \tau_{\text{cl-SC}} + \tau_{\sigma-\text{SC}} \tag{4-91}$$

在传统的干涉测量过程中，射电源与目标航天器的角位置很近，且两者的信号频率在同一频段范围内，在数据处理的过程中认为两者信号传播与处理过程中引入的误差相等。而在地球同步导航卫星选取过程中，确保了地球同步导航卫星和目标航天器的角位置小于 $10°$ 且两者信号处于同一频段内，因此可以认为两者信号传播与处理过程中引入的误差也相等。

$$\varepsilon_{\text{GEO}} = \varepsilon_{\text{SC}} \tag{4-92}$$

根据式(4-88)、式(4-91)和式(4-92)，目标航天器的时延测量值可以表示为

$$\tau_{\text{g-SC}} = \tau_{\text{SC}} - \varepsilon_{\text{SC}} = \tau_{\text{SC}} - \varepsilon_{\text{GEO}} \tag{4-93}$$

于是有：

$$\tau_{\text{g-SC}} = \tau_{\text{SC}} - (\tau_{\text{GEO}} - \tau_{\text{g-GEO}}) \tag{4-94}$$

4.9.2　利用月球及行星信标作为标校源的 ΔDOR

实际上，按照相同的思路，还可以将地球同步导航卫星替换为其他人造强射电源作为标校源，进一步扩展 ΔDOR 的应用。例如，可以利用"嫦娥三号"着陆器的下行信号作为标校源，对其他探月或深空探测器开展标校。"嫦娥三号"着陆器位置经长期观测已经精确已知，其信号完全可以替代传统射电源。图 4-19 为利用"嫦娥三号"着陆器对地月 L2 点航天器干涉测量示意图。

由于月球或行星着陆器上往往配置有 DOR 信号，与观测射电源所需的宽带采集记录模式相比，对着陆器标校源的观测可以采用窄带采集记录模式，从而可以大幅减少地面通信带宽。下面通过图 4-20 来举例说明。

在图 4-20(a)中给出的是传统 ΔDOR 模式下的采样带宽设置，对航天器进行观测时，各通道采样带宽为 50kHz 或 100kHz，8 比特量化，通道数一般为 4(图中标出了 5 个，实际观测时，$-$DOR1 和 $+$DOR1 任选其一)，而对射电源进行观测时，各通道采样带宽为 2MHz，2 比特量化，通道的选择

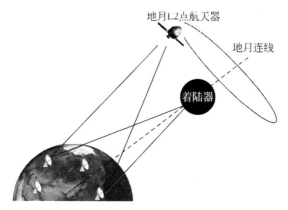

图 4-19　利用"嫦娥三号"着陆器对地月 L2 点航天器干涉测量示意图

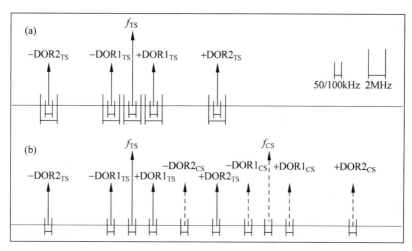

图 4-20　传统 ΔDOR 和用月球及行星信标作标校源
模式下采样带宽设置示意图

与对航天器观测时相同。因此,对航天器观测时的数据速率为

$$50\text{kHz} \times 2 \times 8\text{b} \times 4 = 3.2\text{Mb/s}$$

而对射电源观测时数据速率为

$$2\text{MHz} \times 2 \times 2\text{b} \times 4 = 32\text{Mb/s}$$

由此可见,在对射电源进行观测时,对通信传输带宽的需求增加了 10 倍。如果采用 4MHz 带宽,或是采用 4 比特量化来提高测量精度,则对通信带宽的需求还将成倍增长。

为了确保大数据量干涉测量原始数据的准实时传输,我国国内深空站与干涉测量信号相关处理中心间建立了 155Mb/s 链路，因此干涉测量原始数据可较快传送至相关处理中心，并处理出时延测量结果。然而，我国在境外所建的南美深空站以及纳米比亚 18m 站与干涉测量信号相关处理中心间的链路仅为 10Mb/s，显然难以满足数据传输的要求，此外国际链路租用价格高昂，大幅提高其带宽会导致任务成本显著增加，既不经济也不现实。为此，在现有的链路条件下，实时、准确地获取干涉测量时延观测结果是需要解决的一个重要问题。

图 4-20(b)中给出的模式可以很好地解决这一问题。其采用月球及行星着陆器上发射的信标作为标校源，因此对标校源观测时的数据速率为

$$50\text{kHz} \times 2 \times 8\text{b} \times 4 = 3.2\text{Mb/s}$$

与对目标航天器观测时所需的速率一致。

在这种模式下，10Mb/s 链路足以完成干涉测量原始数据的实时传输，有效解决了传输速率受限的问题，同时也提高了国外深空站参与任务的可靠性、实时性。

参考文献

[1] BERRY D S, BORDER J S. CCSDS concept paper: Delta-DOR[J]. Jet Propulsion Laboratory, 2005.

[2] LANYI G, BAGRI D S, BORDER J S. Angular position determination of spacecraft by radio interferometry[J]. Proceedings of the IEEE, 2007, 95(11): 2193-2201.

[3] MADDÈ R, MORLEY T, ABELLÓ R, et al. Delta-DOR—A new technique for ESA's deep space navigation[J]. ESA bulletin, 2006, 128(128): 68-74.

[4] Delta-differential one way ranging (delta-DOR) operations[S]. CCSDS Red Book, 506.0-R-1, Washington D. C. : [s. n.], 2009.

[5] BORDER J S, KOUKOS J A. Technical characteristics and accuracy capabilities of delta differential one-way ranging (delta-DOR) as a spacecraft navigation tool[R]. CCSDS Report of the Proceedings of the RF and Modulation Subpanel 1E Meeting. German, 1994.

[6] Radio frequency and modulation systems-part 1, Earth stations and spacecraft[S]. CCSDS Blue Book, 401.0-B. Washington D. C: [s. n.], 2007.

[7] Delta-DOR—technical characteristics and performance[S]. CCSDS, 500.1-G-1, Washington D. C. : [s. n.], 2013.

[8] THURMAN S W. Information content of a single pass of phase-delay data form a short baseline connected element interferometer[J]. TDA Progress Report 42-101, 1990: 26.

[9] MOYER T D. Formulation for observed and computed values of deep space

network data types for navigation[M]. New Jersey: John Wiley&Sons, 2005.

[10] BORDER J S, DONIVAN F F, FINLEY S G, et al. Determining spacecraft angular position with delta VLBI: The Voyager demonstration[C]. [S. l.]: AIAA Astrodynamics, 1982: 1471.

[11] KINMAN P W. Delta-differential one way ranging[J]. DSMS Telecommunications Link Design Handbook, 2004, 210.

[12] KIKUCHI F, LIU Q H, HANADA H, et al. Picosecond accuracy VLBI of the two subsatellites of SELENE (KAGUYA) using multifrequency and same beam methods[J]. Radio Science, 2016, 44(2): 1-7.

[13] MOLINDER J I. A tutorial introduction to very long baseline interferometry (VLBI) using bandwidth synthesis[J]. DSN Progress Report 42-46, 1978.

[14] 桑顿,博德. 深空导航无线电跟踪测量技术[M]. 李海涛,译. 北京: 清华大学出版社, 2005.

[15] MADDE R, MORLEY T, LANUCARA M, et al. A common receiver architecture for ESA radio science and delta-DOR support[J]. Proceedings of the IEEE, 2007, 95(11): 2215-2223.

[16] 凯. 统计信号处理基础: 估计与检测理论[M]. 北京: 电子工业出版社, 2006.

[17] LINDSEY W C, CHIE C M. A survey of digital phase-locked loops[J]. Proceedings of the IEEE, 1981, 69(4): 410-431.

[18] KAPLAN E D, HEGARTY C. Understanding GPS: Principles and applications [M]. Fitchburg, Massachusetts: Artech House, 2005.

[19] AGUIRRE S, HURD W J. Design and performance of sampled data loops for subcarrier and carrier tracking[J]. TDA Progress Report, 1984, 79: 81-95.

[20] THOMAS J B. An analysis of long baseline radio interferometry[J]. DSN Progress Report, 1972, 7: 37-50.

[21] THOMAS J B. An analysis of long baseline radio interferometry Part II[J]. DSN Progress Report 8(1972): 29-38.

[22] THOMAS J B. An analysis of long baseline radio interferometry Part III[J]. DSN Progress Report, 1973: 47.

[23] SNIFFIN R W. Open-loop radio science[J]. DSMS Telecommunications Link Design Handbook, 2000, 209.

[24] DATE A B, DATE T. Wideband very-long baseline interferometry[J]. DSMS Telecommunications Link Design Handbook, 2006, 211.

[25] IESS L, BENEDETTO M D, JAMES N, et al. Astra: Interdisciplinary study on enhancement of the end-to-end accuracy for spacecraft tracking techniques[J]. Acta Astronautica, 2014, 94(2): 699-707.

[26] JAMES N, ABELLO R, LANUCARA M, et al. Implementation of an ESA delta-DOR capability[J]. Acta Astronautica, 2009, 64(11): 1041-1049.

第5章

连线干涉测量技术

5.1 连线干涉测量基本原理

连线干涉测量(connected element interferometry,CEI)是干涉测量的一种实现方式,其与甚长基线干涉测量的基本原理相一致。甚长基线干涉测量最初应用于射电天文领域,其基本思想是:在两个(或更多)测站精确测量来自同一河外射电源的信号波前到达两个测站的时间延迟,从而获得射电源角位置的精确测量。连线干涉测量在继承甚长基线干涉测量基本思想的基础上,通过对信号的实时相关处理快速求取目标信号的相位延迟观测量,进而实现对目标的高精度实时导航。

连线干涉测量使用同一频率标准,通过相距 10～100km 两个跟踪测量站之间的光纤通信链路分配,可以实现对两站接收信号时间延迟的精确测量。通过这种高精度数据,可以确定无线电信号源相对两站间基线矢量精确的角位置[1],在相对较短的基线上可以实现与长基线干涉仪相当的测角精度。同时,光纤通信链路可将获取的数据实时传送至同一相关器进行处理。

总体来讲,这种测量技术具备下述优点[2]:

(1) 使用同一频率源标准,可以在两站之间进行相干处理,并抵消站间的频率和时间偏差,同时减少了配置频率源(对于目前的高精度测量站一般为氢钟)的数量,提高利用效率;

(2) 利用光纤进行测量信息的实时传递,可以实时或准实时得到定轨预报结果;

(3) 采用短基线测量与采用长基线测量相比,双站共视时间更长,更容易为任务的关键弧段提供支持;

(4) 由于基线较短,航天器与两个地面站之间的路径传输特性基本一致,可以显著减小空间传播介质误差的影响;

(5) 通过光纤将已有天线设备连接成一个系统,组网灵活;

(6) 可获得载波相位延迟测量量,测量精度远高于群延迟测量量;

(7) 具备在短弧条件下快速高精度定轨和定位的能力。

图 5-1 即为美国深空站 DSS 13 和 DSS 15 构成的实时 CEI 系统的组成[3]。

图 5-2 是干涉测量基本原理,同时也适用于连线干涉测量。在图中,干涉测量相关器处理的信号来自几何上分离的两个跟踪站。从第一个跟踪站到第二个跟踪站的矢量 $\boldsymbol{B}$ 称作"基线矢量"。如果一个外部射电源其方向矢量为 s,与基线矢量的夹角为 θ,那么,可以得到无线电信号源发出的信号波前到达基线两端的时间差近似为

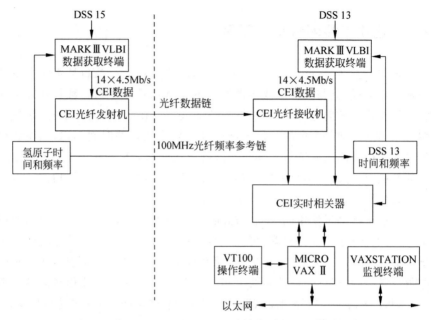

图 5-1 美国 DSS 13 和 DSS 15 之间实时 CEI 系统的组成

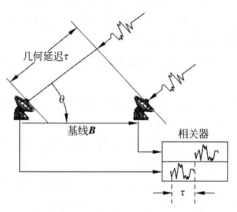

图 5-2 干涉测量基本原理

$$\tau_g = -\frac{1}{c}(\boldsymbol{B} \cdot \boldsymbol{s}) = -\frac{B}{c}\cos\theta \tag{5-1}$$

对式(5-1)求导可得：

$$\mathrm{d}\theta = \frac{c}{B\sin\theta}\mathrm{d}\tau_g \tag{5-2}$$

可见,测角误差 $\mathrm{d}\theta$ 与基线 $\boldsymbol{B}$ 的长度成反比,与 τ_g 的测量误差 $\mathrm{d}\tau_g$ 成正

比。因此,若要获得高精度角度测量,可以通过使用更长的基线(增加 **B** 的长度)或提高干涉测量时延的测量精度。这也是甚长基线干涉测量和连线干涉测量分别提高各自测角精度的技术手段。

对于甚长基线干涉测量,由于两站相距甚远,无法采用相同的基准频率源,且通过双差分依然难以完全消除电离层和对流层的介质误差,因而难以实现目标的载波相位延迟测量,这是由于各种误差源的影响均会最终引入到相位延迟观测量中,带来整周模糊,导致无法正确解算载波相位整周数。

对于 CEI 测量,虽然基线长度较短,但通过高精度的时间频率传递可以使得各测量站采用相同的基准频率源,此外,由于两站之间距离较近,通过双差分能够基本消除电离层和对流层的介质误差,这为实现目标的载波相位延迟测量奠定了基础。由于载波相位延迟测量误差远远小于群延迟测量误差,因此利用 CEI 仍然可以获得与甚长基线干涉测量精度相比拟的观测量。

甚长基线干涉测量与 CEI 测量性能的比较见表 5-1,表中 CE-1 和 CE-2 分别指代"嫦娥一号"任务和"嫦娥二号"任务。

表 5-1　甚长基线干涉测量与 CEI 测量性能比较

所属机构	典型基线	典型时延测量精度	典型测角精度	地球静止轨道目标基线投影方向相对定位精度	月球目标基线投影方向相对定位精度	备注
美国深空网	10 000km (戈尔德斯通—堪培拉)	0.2ns (X 频段)	6nrad	双站不共视,无法测量	2.5m	群延迟测量
欧洲航天局	11 000km (塞夫雷罗斯—新诺舍)	0.5ns (X 频段)	14nrad	双站不共视,无法测量	5.6m	群延迟测量
中国深空网	4000km (喀什—佳木斯)	"嫦娥三号"任务 1.5ns (X 频段)	113nrad	双站不共视,无法测量	45m	群延迟测量
中国天文 VLBI 网	3200km (佘山—南山)	CE-1:5ns CE-2:2ns (X 频段)	CE-1:470nrad CE-2:188nrad	19m(470nrad) 8m(188nrad)	190m(CE-1) 80m(CE-2)	群延迟测量
短基线干涉	5900km (DSS12—DSS13)	0.016ns (X 频段)	813nrad	32.5m	325m	相位延迟测量

表 5-2 给出了相位延迟与群延迟的特点对比，可以看出，相位延迟的精度主要取决于射频信号的频率（一般为吉赫兹量级），群延迟的精度主要取决于两信标频率之差（一般为几十兆赫兹），因此相位延迟的精度远高于群延迟的精度。

表 5-2　相位延迟与群延迟的特点对比

参　　　数	相　位　延　迟	群　延　迟
τ	$\dfrac{\phi}{f_{RF}}$	$\dfrac{\phi_1 - \phi_2}{f_1 - f_2}$
σ_τ	$\dfrac{\sigma_\phi}{f_{RF}}$	$\dfrac{\sqrt{2}\,\sigma_\phi}{f_1 - f_2}$
模糊度	$\dfrac{1}{f_{RF}}$	$\dfrac{1}{f_1 - f_2}$

然而，要想获得相位延迟量并不容易，这涉及 CEI 测量的核心技术问题，即解相位整周模糊问题（也称"相位模糊"）。相位模糊是通过先验模型来解决的，对于 S 频段和 X 频段双频模式，先验模型首先用来解 S 频段信号的相位模糊，所得精确 S 频段相位延迟再用来解 X 频段相位模糊。先验模型是基于站址、源位置及传输介质延迟等最可用信息的。要解决相位模糊问题，就必须建立准确的先验模型[4]。

用 $\hat{\phi}_A$、$\hat{\phi}_B$ 分别表示对两个源进行观测的相位残差；$\hat{\tau}_A$、$\hat{\tau}_B$ 分别表示对两个源的观测延迟先验模型；$\Delta\hat{\phi}_{A-B}$ 表示差分相位残差；$\Delta\phi_{A-B}$ 表示差分相位；$\Delta\hat{\tau}_{A-B}$ 表示差分延迟先验模型。

$$\hat{\phi}_A = \phi_A + 2\pi N_A - \omega_{RF}\hat{\tau}_A \tag{5-3}$$

$$\hat{\phi}_B = \phi_B + 2\pi N_B - \omega_{RF}\hat{\tau}_B \tag{5-4}$$

将对两个源的观测进行差分，所得到的残差结果如式(5-3)和式(5-4)，两式相减得到式(5-5)：

$$\begin{aligned}\Delta\hat{\phi}_{A-B} &= (\phi_A - \phi_B) + 2\pi(N_A - N_B) - \omega_{RF}(\hat{\tau}_A - \hat{\tau}_B)\\ &\equiv \Delta\phi_{A-B} + 2\pi\Delta N_{A-B} - \omega_{RF}\Delta\hat{\tau}_{A-B}\end{aligned} \tag{5-5}$$

于是可以得到差分相位模糊整周数 ΔN_{A-B}：

$$\Delta N_{A-B} = \mathrm{NINT}\left(\frac{\omega_{RF}\Delta\hat{\tau}_{A-B} - \Delta\phi_{A-B}}{2\pi}\right) \tag{5-6}$$

其中，NINT 表示最近整数函数。

另外还可以用其他的辅助方法来加强解相位模糊，如使用 VLBI 技术中的带宽合成（BWS）、频带间辅助、基线辅助等技术来实现解模糊。

5.2 连线干涉测量弧段内相时延数据信息含量

在本节中,将分析连线干涉测量弧段内相时延数据的信息含量[5]。CEI 测量信息与宽带 ΔVLBI 相同,都是差分单向距离——ΔDOR,即

$$\rho_2 - \rho_1 = c\tau \tag{5-7}$$

$$\Delta\rho_{2,1}(t) = \rho_2(t) - \rho_1(t) = r_B\cos\delta\cos(\alpha_g + \lambda_B - \alpha) + z_B\sin\delta \tag{5-8}$$

其中:

$$r_B = \{(r_{s_1} + r_{s_2})^2 - 2r_{s_1}r_{s_2}[1 + \cos(\lambda_1 - \lambda_2)]\}^{\frac{1}{2}} \tag{5-9}$$

$$z_B = z_{s_1} - z_{s_2} \tag{5-10}$$

$$\lambda_B = \arctan\left(\frac{r_{s_1}\sin\lambda_1 - r_{s_2}\sin\lambda_2}{r_{s_1}\cos\lambda_1 - r_{s_2}\cos\lambda_2}\right) \tag{5-11}$$

r_B 表示基线垂直于地球自转轴的分量;

z_B 表示基线平行于地球自转轴的分量;

λ_B 表示基线经度;

α_g 表示本初子午线的赤经;

α 表示航天器的赤经;

δ 表示航天器的赤纬;

r_{s_1}、r_{s_2} 表示跟踪站至地球自转轴的距离;

z_{s_1}、z_{s_2} 表示跟踪站至地球赤道面的距离;

λ_1、λ_2 表示跟踪站的经度。

式(5-9)、式(5-10)、式(5-11)中各项参数含义如图 5-3 所示。

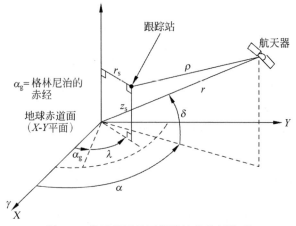

图 5-3 航天器至地面跟踪站的几何关系

为了抵消测量中的大部分公共误差,在实际测量中采用对射电星进行校准的方法,射电星与航天器夹角小于 $10°$。对射电星测量结果见式(5-12)。

$$\Delta\rho_{2,1}^*(t) = r_B \cos\delta^* \cos[\alpha_g(t) + \lambda_B - \alpha^*] + z_B \sin\delta^* \quad (5-12)$$

对于一个 CEI 跟踪过程的信息阵是由 N 次独立观测累积得到的。可以表示为

$$I_{CEI} = \left(\frac{N}{\sigma_{CEI}^2}\right) \sum_{i=1}^{N} (\partial DOR_i / \partial \overline{X})^T (\partial DOR_i / \partial \overline{X}) \quad (5-13)$$

两次观测时间间隔很小,则信息阵可以近似地用下面的解析式表示:

$$I_{CEI} = \left(\frac{1}{\sigma_{CEI}^2 \Delta\tau}\right) \int_A^B (\partial DOR / \partial \overline{X})^T (\partial DOR / \partial \overline{X}) d\tau_B \quad (5-14)$$

其中,τ_B 为基线的时角,$\overline{X} = (\alpha, \delta)$。

基线的时角 τ_B 又可以用一个跟踪站的时角表示。

$$\tau_B = \tau_2 + \phi \quad (5-15)$$

其中,τ_2 为跟踪站 2 的时角;ϕ 为相对于跟踪站 2 的基线经度。

由于 CEI 基线长度在 $10 \sim 100$km ,两跟踪站的距离足够近,可以认为两者的时角 τ_1、τ_2 近似相等。则式(5-14)的积分限可以定义为航天器被两跟踪站观测弧段的一半宽度的函数。

$$\begin{cases} \tau_1 = -H + \phi \\ \tau_2 = H + \phi \end{cases} \quad (5-16)$$

由 CEI 测量的信息阵获得的航天器角度坐标误差的协方差为

$$\sigma_\delta^2 = \left(\frac{\omega\sigma_{CEI}^2 \Delta\tau}{D}\right)\left(H - \frac{1}{2}\sin 2H \cos 2\phi\right) \quad (5-17)$$

$$\sigma_\alpha^2 = \left(\frac{\omega\sigma_{CEI}^2 \Delta\tau}{D r_B^2}\right)\left[\left(1 + \frac{1}{2}\sin 2H \cos 2\phi\right)r_B^2 \tan\delta + \right.$$

$$\left. 2H z_B^2 - 4(\cos\phi \sin H) r_B z_B \tan\delta\right] \quad (5-18)$$

其中,σ_{CEI}^2 为 CEI 相位延迟测量误差的方差;ω 为地球自转的角频率;$\Delta\tau$ 为两次观测的间隔时间。

$$D = d_1 r_B^2 \sin^2\delta + d_2 r_B^2 \cos^2\delta + d_3 r_B z_B \sin\delta\cos\delta \quad (5-19)$$

其中,

$$d_1 = H^2 - \sin^2 2H\left(\sin^2 2\phi + \frac{1}{4}\cos^2 2\phi\right) \quad (5-20)$$

$$d_2 = 2\left[H\left(H - \frac{1}{2}\sin 2H \cos 2\phi\right) - 2(\sin H \sin\phi)^2\right] \quad (5-21)$$

$$d_3 - 2\sin H\cos\phi\left[\sin2H(1+2\sin^2\phi)-2II\right] \tag{5·22}$$

5.3 CEI 测量误差分析

任何干涉测量技术的基础都是测量两个天线接收信号的相关相位,信号在由发射至接收的整个传输过程中任何会对电磁波传输产生影响的因素都将在相关相位中引入偏差。该相位可以认为是对干涉延迟的测量,单位是观测信号的波长。可以把相关相位记作:

$$\phi + 2\pi N = \omega_{\mathrm{RF}}\left(\frac{1}{c}B\cos\theta + \tau_{\mathrm{clock}} + \tau_{\mathrm{trop}} + \tau_{\mathrm{ion}} + \tau_{\mathrm{inst}} + \tau_{\mathrm{wind}}\right) + \phi_{\mathrm{LO}}$$

$$\tag{5-23}$$

其中,ω_{RF} 是射频观测频率,总延迟包括几何延迟、两站之间时钟偏差 τ_{clock}、对流层和电离层传播媒介延迟 τ_{trop} 和 τ_{ion}、任何未标校的设备延迟 τ_{inst} 和太阳等离子体误差 τ_{wind}(对于深空目标)几部分组成。另外,在每一个测站上均有一个本地振荡器(local oscillator,LO)会引入相位偏移 φ_{LO}。$2\pi N$ 代表相位整周期模糊,只有确定该相位整周模糊,才能获取高精度的射频信号载波相位延迟。此外,频率源及时频系统的稳定性还将对相关相位的测量产生影响;信号的信噪比、基线的空间方位不准确性也会影响时间延迟 τ_{g} 的测量精度。

由此可见,影响 CEI 测量的主要误差因素包括以下几个方面:

τ_f,频率不稳定性误差;

τ_{clock},测站钟差;

τ_{inst},观测设备延迟误差;

τ_{B},基线误差(通常包括站址和地球定向两部分);

τ_{trop},对流层延迟误差;

τ_{ion},电离层延迟误差;

τ_{wind},太阳等离子体误差;

τ_{SNR},信号测量噪声误差。

为了校准这些误差因素,通常将一个与待测信号源空间角位置相近的参考源作为基准,将两个信号源的相关相位进行差分,即可消除测站钟差、设备延迟等误差因素,同时可显著降低对流层、电离层、太阳等离子体等误差因素的影响。两个射频信号源(A 和 B)可观测到的差分相位可以记作:

$$\Delta\phi + 2\pi\Delta N = \omega_{\mathrm{RF}}\left[\frac{1}{c}B(\cos\theta_{\mathrm{A}} - \cos\theta_{\mathrm{B}}) + \Delta\tau_{\mathrm{trop}} + \Delta\tau_{\mathrm{ion}} + \Delta\tau_{\mathrm{wind}}\right]$$

$$\tag{5-24}$$

由上述分析可知,在进行单差分条件下 CEI 测量时,要求保证高精度的站间时频信号的同源及同步特性,以减少测量误差;在进行双差分条件下 CEI 测量时,钟差的因素可以消除,但仍然需要高精度的频率传递技术,确保测站频率的一致性和相干性(关于频率源特性对连线干涉测量的影响将在 5.4 节重点分析)。

考虑到开展单差分 CEI 测量时,未标校的设备延迟 τ_{inst} 会带来较大的测量误差(1ns 会带来 0.3m 误差),导致无法解载波相位延迟,因此在对精度要求较高的实际应用中一般采用双差分 CEI 测量或同波束 CEI 测量。

本节给出了定义这些因素和描述这些误差的参数,同时建立了用于描述这些因素对测量结果影响的数学模型,给出了误差敏感性计算方程。在此基础上,预测的连线干涉测量精度可以由这些参数和相应的敏感性方程计算结果平方和的均方根求出。需要特别指出的是,误差预算是对两个目标的差分延迟而言,而非单目标的延迟。下面将会看到,有些方程是经验性的而非从基本原理推出。对无线电波的传播和干涉测量的理解已经足够深入到可以利用基本原理导出所有主要误差的影响,但这些方程通常包含并依赖某些未知的因子,例如天气条件。这里给出的经验方程是基于对数据分析的结果并足以描述这种数据类型的典型应用。

5.3.1 典型场景描述

这里描述的场景是基于目前主流的系统结构及对航天器的 X 频段跟踪。

在连线干涉测量中两个相距上百米至数十千米的测站同时对同一颗目标航天器进行跟踪观测,并且在这之前或之后的一小段时间对一个或多个与之角距相近的参考源(射电源或航天器)进行观测。通常一个跟踪弧段持续约 1h,并且天线在目标航天器和参考源间进行数次切换。对于每个跟踪弧段,应当仔细选择观测源和观测时间,以便基于相应的约束条件进行最好的几何观测。参考源的选取通常是选择那些与航天器角距离相近的目标。对于观测时间,通常选取那些尽量靠近两个测站共视弧段中心时间附近的观测弧段,以便使航天器对测站的仰角最大化。一个典型的跟踪弧段包含 6 次扫描,即 Q1-S-Q2-Q1-S-Q2。第一颗参考源通常是靠航天器的左侧(即赤经更小),而第二颗参考源在航天器的右侧。理想的几何观测条件是航天器的角位置正好在两颗参考源的夹角正中间。对于这种情况,连线干涉测量正好能被设计成可以消除时间和空间误差的一阶项。当然,若航天器附近只有一个合适的射电源 Q,则可以采用 Q-S-Q 的观测模式。

下列参数描述了观测几何和顺序。参数值是对于一个目标航天器-参考源序列如 Q1-S-Q2。缩写 SC 和 QU 分别是对于目标航天器和参考源相关的参数。

参考源总观测时间 T_{QU}；

目标航天器总观测时间 T_{SC}；

目标航天器与参考源间角距离 $\Delta\theta$；

测站 i 的目标航天器仰角 γ_{SCi}；

测站 i 的参考源仰角 γ_{QUi}；

目标航天器或参考源与太阳的最小夹角 SEP。

误差预算假设扫描时间足够长(至少每次几分钟)以便将短时变化的介质抖动引起的误差降低到可接受的水平,并且假设在目标航天器和参考源间的切换次数能够满足将长时间变化的介质抖动引起的误差降低到可接受的水平。

5.3.2 系统噪声

接收的信号包含航天器的信号和地面接收机产生的与系统运行温度成比例的噪声,系统噪声误差取决于接收信号功率与噪声功率的比值。由系统噪声引起的相位误差由式(5-25)给出[6]:

$$\sigma_\tau = \frac{1}{2\pi f} \sqrt{\frac{1}{(P/N_0)_1 T_{obs}} + \frac{1}{(P/N_0)_2 T_{obs}}} \tag{5-25}$$

其中,f 为载波频率；$(P/N_0)_i$ 为航天器到测站 $i(i=1,2)$ 的载噪谱密度比；T_{obs} 为积分时间。

5.3.3 频率不稳定性误差

频率不稳定性误差由式(5-26)给出[7-8]:

$$\varepsilon_\tau = T_{sep} \sqrt{(\sigma_y^{g_1}(\tau))^2 + (\sigma_y^{g_2}(\tau))^2} \tag{5-26}$$

T_{sep} 为两目标观测的分离时间。$\sigma_y^{g_1}(\tau)$ 为地面测站 1 的频率稳定度,$\sigma_y^{g_2}(\tau)$ 为地面测站 2 的频率稳定度,均用阿伦方差表示。

5.3.4 钟差(站间时间同步精度)

站间时间同步精度指标包括抖动和传输链路时延的共同影响,采用双差分模式可以完全消除站间时间同步精度的影响。

5.3.5 参考基准源角位置误差

当以参考基准源作为角度基准进行测量时,由于参考基准源的空间方位仍存在一定的不确定性,这一不确定性会在对目标源的空间方位解算时引入误差,该误差大小可分析如下。

根据 VLBI 测量的基本公式,有:

$$\tau_g = \frac{B\cos\theta}{c} \Rightarrow d\tau_g = -\frac{B\sin\theta}{c}d\theta \tag{5-27}$$

记 $B_p = B\sin\theta$ 为垂直于参考基准源视线方向上的投影分量,因此由参考基准源空间方位误差 ε_θ 引起的延迟测量误差为[7-8]

$$\varepsilon_\tau = \frac{B_p}{c}\varepsilon_\theta \tag{5-28}$$

5.3.6 仪器相位抖动

这项误差取决于分别观测目标航天器和参考基准源信号时仪器的相位漂移差异(主要是信号通道对窄带信号和宽带信号的影响差异),以及扩展带宽。宽带信号受到在几兆赫兹带宽内仪器相位延迟的平均效应影响。窄带信号仅受到在收到的航天器信号频率处当地设备相位延迟的影响。因此,接收系统在通道带宽内的线性性质是非常重要的参数。每个通道均存在独立的相位误差,但并不需要整个扩展带宽内都保持线性特性。这种设备相位误差称作"色散相位"或"相位抖动",并且由瞬时的相位响应相对于通道内平均的平滑相位响应偏离来描述。

系统前端的组成部分是宽带的并且相对而言在几兆赫兹的窄带带宽上色散效应较小。好的仪器设计是在从接近系统前端开始的全带宽上对信号进行数字化,然后利用具有线性相位响应的数字滤波器进行基带处理。应该避免使用窄带模拟滤波器。考虑这一误差项的参数如下。

假设每个测站每个通道的相位抖动 ε_ϕ 是彼此独立的,群延迟误差可以按照式(5-29)计算[7-8]:

$$\varepsilon_{\Delta\tau} = \sqrt{2}\,\sqrt{2}\,\frac{\varepsilon_\phi}{360°}\frac{1}{f_{BW}} \tag{5-29}$$

上式中第一个 $\sqrt{2}$ 表示的是宽巷信号群延迟测量对应的两个信号通道,第二个 $\sqrt{2}$ 表示两个测站。如果已知测站不同通道的相位抖动值是不同的,那么相位抖动总误差应是所有项的和的平方根。

5.3.7 站址误差

这项误差取决于基线矢量在目标航天器和参考基准源角距离方向上的投影。误差大小正比于目标航天器和参考基准源角距离的大小。

根据 VLBI 的基本方程,对两个目标进行观测后得到的差分延迟观测量可近似表示为

$$\Delta\tau_g = \frac{B\cos\theta_1}{c} - \frac{B\cos\theta_2}{c} \tag{5-30}$$

其中,θ_1 为目标航天器的角位置,θ_2 为参考基准源的角位置,且两目标夹角为 $\Delta\theta$,即有:

$$\Delta\theta = \theta_1 - \theta_2 \tag{5-31}$$

代入式(5-30)有:

$$\begin{aligned}\Delta\tau_g &= \frac{B\cos(\theta_2 + \Delta\theta)}{c} - \frac{B\cos\theta_2}{c}\\ &= \frac{1}{c}(B\cos\theta_2\cos\Delta\theta - B\sin\theta_2\sin\Delta\theta - B\cos\theta_2)\end{aligned} \tag{5-32}$$

考虑到 $\Delta\theta$ 为小量,因此有:

$$\cos\Delta\theta \approx 1, \quad \sin\Delta\theta \approx \Delta\theta \tag{5-33}$$

因此有:

$$\Delta\tau_g = -\frac{B}{c}\sin\theta_2 \cdot \Delta\theta \approx -\frac{B}{c}\Delta\theta \tag{5-34}$$

假设基线误差为 ε_{BL},故由该误差引起的延迟误差如下[8]:

$$\varepsilon_\tau = \frac{\varepsilon_{BL}}{c}\Delta\theta \tag{5-35}$$

注意基于基线矢量 **B** 的测量是敏感信号源在基线 B 投影方向上的角距离分量,因此这项误差也敏感代表基线误差的矢量投影方向上的角距离分量。

5.3.8 地球定向

从本质上说,地球定向误差与站址误差属于同一性质的误差,都是表征测量基准位置不准确带来的延迟误差,因此两项误差的计算公式也极为相似。这项误差依赖于描述地球在惯性空间中转动的模型精度,并且正比于目标航天器和参考基准源的角距离。这些地球定向参数被称作"UT1"和"极移"。一般而言,这些参数在事后都可以达到很高的精度,但对于实时的

航天器定轨必须使用预测值。UT1 通常占据地球定向预测误差中的主要部分。

这项误差的计算公式为[8-9]

$$\varepsilon_{\Delta\tau} = \frac{1}{c}(\Delta\theta)\varepsilon_{\text{UTPM}} \tag{5-36}$$

其中,$\varepsilon_{\text{UTPM}}$ 是地球定向不确定性;$\Delta\theta$ 为两目标夹角,对于事后分析的数据,这项误差值变得非常小,可以忽略不计。

5.3.9 对流层

对流层是大气层中较低的部分,对于直至高达 15GHz 的频率来说它都是非色散的。在这种介质中与航天器窄带 DOR 音信号和射电源宽谱信号相关联的群速度和相速度,都相对自由空间传播被同等地延迟了。对流层延迟包括由干燥大气引起的干性分量和由水汽引起的湿性分量,可用式(5-37)计算信号传播方向上的对流层延迟。

$$\tau_{\text{atm}} = \text{ZHD} \times m_{\text{h}} + \text{ZWD} \times m_{\text{w}} \tag{5-37}$$

其中,ZHD 和 ZWD 分别是天顶干燥大气时延和天顶水汽时延,m_{h} 和 m_{w} 分别是对应的 Herring-Niell 映射函数。一般地,m_{h} 和 m_{w} 大致相等,因此式(5-37)可以简化成:

$$\tau_{\text{atm}} \approx \text{ZHD} \times m_{\text{w}} + \text{ZWD} \times m_{\text{w}} = (\text{ZHD} + \text{ZWD}) \times m_{\text{w}}$$
$$= \text{ZTD} \times m_{\text{w}} \tag{5-38}$$

其中,ZTD 是天顶大气总时延。应用于精密大地测量的 m_{w} 的计算公式如下:

$$m_{\text{w}} = \frac{1 + \dfrac{a}{1 + \dfrac{b}{1 + c}}}{\sin(\text{EL}) + \dfrac{a}{\sin(\text{EL}) + \dfrac{b}{\sin(\text{EL}) + c}}} \tag{5-39}$$

其中,a,b,c 为映射函数的有关系数,与观测站纬度有关,EL 为俯仰角。对于航天器跟踪与导航,按照式(5-40)表示的映射函数即可满足误差估计的精度要求。

$$m_{\text{w}} = \frac{1}{\sin(\text{EL})} \tag{5-40}$$

在进行实际观测时,每个站点的气象数据及可能的 GPS 卫星观测和(或)水汽辐射计数据,都被使用以便计算对于天顶对流层的校准值。延迟误差依赖于天顶对流层延迟的校准精度、观测仰角,以及目标航天器和参考源在仰角方向上的差异。误差的大小与仰角正弦值成反比。为了使得这项误差对连线干涉测量观测的影响尽量小,应尽可能在高仰角时观测。结合上述分析,用于计算这项误差的参数有:

测站 i 的天顶湿性延迟不确定性 $\rho_{z,i}^{\text{wet}}$,单位 m;

测站 i 的天顶干性延迟不确定性 $\rho_{z,i}^{\text{dry}}$,单位 m。

对于每个测站干性和湿性分量误差分别独立计算。所有的误差项都具有下面的形式[7-8]:

$$\varepsilon_{\Delta\tau} = \frac{\rho_z}{c} \left| \frac{1}{\sin\gamma_{\text{SC}}} - \frac{1}{\sin\gamma_{\text{QU}}} \right| \tag{5-41}$$

其中,ρ_z 取 $\rho_{z,i}^{\text{wet}}$ 或 $\rho_{z,i}^{\text{dry}}$。

需对每个测站干性和湿性分量误差(共 4 项误差)求取和的平方根以便估计对流层总的系统误差。对于误差估计可以使用更精确的映射函数,但这里给出的简单形式的映射函数对于估计典型的观测仰角下的对流层而言已经可以满足要求。

5.3.10 电离层

电离层是一种色散介质,它位于地球表面以上 $70\sim1000\text{km}$ 的大气层区域。在这个区域内,太阳紫外线使部分气体分子电离化,并释放出自由电子。这些自由电子会影响电磁波的传播,并且与太阳活动密切相关。在电离层中,电磁波传播的相速度和群速度是不同的,分析表明,相速度将超过群速度,相应的相对于自由空间传播而言,群速度的延迟量等于载波相位的超前量,测站天顶方向上群速度和相速度的电离层延迟可分别按照式(5-42)计算:

$$\Delta S_{\text{电离层,p}} = -\frac{40.3\,\text{TEC}}{f^2}, \quad \Delta S_{\text{电离层,g}} = \frac{40.3\,\text{TEC}}{f^2} \tag{5-42}$$

其中,TEC 为信号传播路径上的总电子数,以电子/m^2 或 TECU 为单位来表示,$1\text{TECU} = 10^{16}$ 电子/m^2。TEC 随一天的时间、测站位置、航天器仰角、季节、电离通量、磁活动性、日斑周期和闪烁而变化。其标称范围在 $10^{16}\sim10^{19}$,两个极值分别发生在午夜和下午的中点。在任意视线方向上,电离层时延 τ_{ion} 可由全球 TEC 模型计算给出:

$$\tau_{\text{ion}} = \frac{k\,\text{TEC}}{f^2} \cdot \frac{1}{\cos\left(\arcsin\left(\frac{R\cos(\text{EL})}{R+H}\right)\right)} \tag{5-43}$$

其中，k 为常数，$k=1.34\times10^{-7}$；f 为信号频率；R 为地球半径，取 $R=$6371km；H 为电离层高度，取 $H=450$km；EL 为航天器俯仰角。

在进行实际观测时，可由分布于全球的接收机对 GPS 卫星的双频测量得到全球电离层延迟分布。当测站本地及其周围部署多个接收机时可以得到比较好的校准精度。此项误差对连线干涉测量的影响取决于目标航天器和参考基准源差分之后没有抵消的残留误差。根据观测的前提假设，典型的白天和夜晚延迟误差所产生的差分延迟误差可估计为 0.02ns。

5.3.11　太阳等离子体（深空目标）

太阳等离子体的影响在基于双站的 VLBI 测量中基本被抵消。对于 X 频段，当太阳-地球-信号源夹角（SEP 角）超出 10°即信号路径与太阳方向的夹角大于 10°时误差并不显著。太阳等离子体的误差取决于信号频率和信号路径与太阳方向的接近程度。在估计中除 SEP 之外的参数有：

信号射频频率 f_{RF}；

信号与太阳最近的平面内的信号路径距离 B_s；

太阳风速度 v_{SW}；

延迟误差计算公式为[7-8]

$$\varepsilon_{\Delta\tau}=\frac{0.013}{f_{RF}^2}\left[\sin(\mathrm{SEP})\right]^{-1.3}\left(\frac{B_s}{v_{SW}}\right)^{0.75}\times10^{-9} \tag{5-44}$$

5.4　频率源特性对连线干涉测量的影响分析

本节基于频率稳定性分析了频率基准对连线干涉测量精度的影响机理，基于典型条件量化了频率源不稳定带来的误差大小，并给出理论计算结果。

5.4.1　频率源稳定性基础

一个频率源的输出信号可以表示为

$$V(t)=[V_0+\varepsilon(t)]\sin[2\pi f_0 t+\phi(t)] \tag{5-45}$$

其中，V_0 为标称振幅，$\varepsilon(t)$ 为振幅的起伏，f_0 为标称频率值，$\varphi(t)$ 为相位起伏。

由式(5-45)可知，瞬时频率为

$$f(t)=f_0+\frac{1}{2\pi}\dot{\varphi}(t)$$

则瞬时相对频率起伏为

$$y(t) = \frac{f(t) - f_0}{f_0} = \frac{\dot{\varphi}(t)}{2\pi f_0} \quad (5\text{-}46)$$

由于 $y(t)$ 表示的是由噪声引起的随机函数,不是一个简单的解析表达式,因此对它的研究一般采用统计分析的方法,目前采用最多的是阿伦方差。

广义阿伦方差的表征为[10]

$$\sigma_y^2(N, T, \tau) = \lim_{m \to \infty} \frac{1}{m} \sum_{j=1}^{m} \left[\frac{1}{(N-1)f_0^2} \sum_{i=1}^{N} (f_i - \bar{f}_N)^2 \right]_j$$

其中,$\sigma^2(N, T, \tau)$ 为参数分别为 N、T、τ 时的广义阿伦方差。N 为取样次数,T 为取样周期,τ 为取样时间,m 为测量组数,而

$$\bar{f}_N = \frac{1}{N} \sum_{i=1}^{N} f_i$$

为简化频率稳定性的测量,并使得不同频率标准的频率稳定性具有可比性,工程上一般取 $N=2$,$T=\tau$,可得阿伦方差表达式为

$$\sigma_y^2(\tau) = \lim_{m \to \infty} \frac{1}{m} \sum_{j=1}^{m} \left[\frac{1}{2f_0^2} (f_1 - f_2)^2 \right]_j \quad (5\text{-}47)$$

阿伦方差与取样时间有不同的关系,即:

$$\sigma_y^2(\tau) = \sum_{\alpha=-2}^{2} k_\alpha \tau^{\mu/2} \quad (5\text{-}48)$$

其中,k_α 为与不同噪声过程 α 有关的系数,τ 为取样时间。表 5-3 给出了不同噪声类型的 α 值与 μ 值。

表 5-3　不同噪声类型的 α 值与 μ 值

噪 声 类 型	α	μ 值
调相白噪声	2	−2
调相闪变噪声	1	−2
调频白噪声	0	−1
调频闪变噪声	−1	0
频率随机游动噪声	−2	1

式(5-48)表明,阿伦方差可以表示为 5 种独立噪声过程作用的叠加。如果某段取样时间 $\tau_1 \sim \tau_2$ 范围内,$\sigma_y(\tau)$ 与 τ 有明显对应关系,例如在 $\tau_1 \sim \tau_2$ 范围内 $\sigma_y(\tau)$ 与 $\tau^{-1/2}$ 成正比,则可认为在这段取样时间内主要的

噪声过程是调频白噪声。

若 $N=2$，$T \neq \tau$，$\sigma_y^2(2,T,\tau)$ 称为"有间隙狭义阿伦方差"。有间隙狭义阿伦方差和阿伦方差两者之间的关系为[11]

$$\sigma_y^2(2,T,\tau) = B_2(r,\mu)\sigma_y^2(\tau) \tag{5-49}$$

根据巴纳斯给出的推导：

$$B_2(r,\mu) = \frac{1 + \dfrac{1}{2}\left[2|r|^{\mu+2} - |r+1|^{\mu+2} - |r-1|^{\mu+2}\right]}{2(1-2^{\mu})} \tag{5-50}$$

$B_2(r,\mu)$ 为巴纳斯第 2 偏移函数，$r = T/\tau$。

5.4.2　频率源稳定性对连线干涉测量精度的影响

连线干涉测量的观测量为差分单向距离或双差分单向距离，为了获得高精度的测量结果，需要获得载波相位延迟。而相位由频率积分得到，频率源的不稳定性将直接带来相位的不确定性，若频率源稳定性指标不高，将导致累积的相位不确定性较大，各类误差源影响因素的叠加会带来整周模糊。

为了确保解载波相位延迟成为可能，从而能够用短基线测量获得与长基线测量相当的测量精度，根据误差指标分配，要求由频率特性导致的相位误差不超过 0.1 周。

在本节后续分析中，为了对结果进行量化，假定了以下典型应用场景：

（1）参与连线干涉测量的测站 1 和测站 2 相距 45km（100km 内的一个典型值）。

（2）航天器发射信号为 X 频段信号，0.1 周约为 3.6mm。

（3）测站 1 和测站 2 间通过光纤传递时频信息，测站 1 配置了 T4 Science 氢钟，测站 2 没有配备频率源，其通过光纤链路获取测站 1 的时频信息。

5.4.2.1　差分单向距离测量模式下的影响分析

在差分单向距离测量模式下，又分为互相关和本地相关两种处理模式，前者可以简单理解为两个地面站在不同时刻收到航天器在同一时刻发出的信号，通过信号的互相关处理求取航天器信号到达两个测站的时间延迟；后者可以简单理解为两个地面站在同一时刻收到航天器在不同时刻发出的信号，首先分别对单站接收的航天器下行信号相位进行高精度估计，再将两站估计的相位结果进行差分求取信号延迟。图 5-4 为两种信号接收的模式。

互相关模式源自于天文 VLBI 测量,对两个测站接收的类噪声射电源信号进行互相关处理(相乘并求和),进而找出信号相关峰确定信号延迟,目前我国和日本基本采用此种模式;而本地相关处理是另外一种特殊的处理模式,理论分析表明,在信噪比更低的条件下,本地相关处理能够更好的抑制热噪声的影响,实现更高精度的相位估计,但前提是必须构造更精确的本地信号模型,因此需要对信号的动态具有充分的了解。

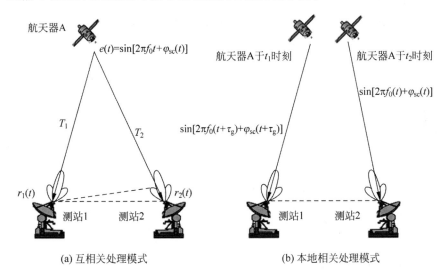

图 5-4　信号接收模式

1) 互相关处理模式

设航天器下行信号为

$$e(t) = \sin[2\pi f_0 t + \varphi_{sc}(t)]$$

其中,f_0 为标称下行频率,$\varphi_{sc}(t)$ 为星上频率源不稳定性导致的相位变化。

测站 1、测站 2 分别在 T_1 和 T_2 时刻(设 $T_2 > T_1$)接收到航天器信号,两站接收总相位误差为

$$\delta\varphi = \varphi_{g_1}(t + T_1) - \varphi_{g_2}(t + T_2) \tag{5-51}$$

$\varphi_{g_1}(t + T_1)$、$\varphi_{g_2}(t + T_2)$ 分别为测站 1 和测站 2 的相位误差。定义:

$$y(t) = \delta f_L / f_L \tag{5-52}$$

其中,$y(t)$ 为地面站频率源稳定性,且有:

$$\delta f_L = \frac{\dot{\varphi}_g(t)}{2\pi} \tag{5-53}$$

由式(5-51),在积分时间 τ 内,频率源引入的相位误差为

$$\delta\varphi = 2\pi f_L \left(\int_{t+T_1}^{t+T_1+\tau} y_{g_1}(t)\,dt - \int_{t+T_2}^{t+T_2+\tau} y_{g_2}(t)\,dt \right) \tag{5-54}$$

$$\delta R = \frac{\delta\varphi}{2\pi f_L} c = c \left(\int_{t+T_1}^{t+T_1+\tau} y_{g_1}(t)\,dt - \int_{t+T_2}^{t+T_2+\tau} y_{g_2}(t)\,dt \right) \tag{5-55}$$

下面将针对理想情况和一般情况分别进行分析,计算过程中采用了积分限变换的方法[12-13]:

(1) 理想情况

考虑在理想情况下,光纤时频传递过程中不引入额外的相位噪声,即 $y_{g_1}(t) = y_{g_2}(t)$,式(5-55)变为

$$
\begin{aligned}
\delta R &= c \left(\int_{t+T_1}^{t+T_1+\tau} y_{g_1}(t)\,dt - \int_{t+T_2}^{t+T_2+\tau} y_{g_1}(t)\,dt \right) \\
&= c \left(\int_{t+T_1}^{t+T_2} y_{g_1}(t)\,dt + \int_{t+T_2}^{t+T_1+\tau} y_{g_1}(t)\,dt - \right. \\
&\qquad \left. \int_{t+T_2}^{t+T_1+\tau} y_{g_1}(t)\,dt - \int_{t+T_1+\tau}^{t+T_2+\tau} y_{g_1}(t)\,dt \right) \\
&= c \left(\int_{t+T_1}^{t+T_2} y_{g_1}(t)\,dt - \int_{t+T_1+\tau}^{t+T_2+\tau} y_{g_1}(t)\,dt \right) \\
&= \sqrt{2}\, c\tau_g \sigma_y^g(2,\tau,\tau_g) \\
&= \sqrt{2}\, c\tau_g B_2(r,\mu)\sigma_y^g(\tau)
\end{aligned}
\tag{5-56}
$$

其中,$B_2(r,\mu)$ 为巴纳斯第 2 偏移函数,$r = \tau/\tau_g$。

设两测站直线距离约 45km,则 τ_g 的最大值为

$$\tau_{gmax} = \frac{L}{c} = \frac{45\text{km}}{3\times10^5\,\text{km/s}} = 1.5\times10^{-4}\,\text{s} = 0.15\text{ms}$$

$\sigma_y^g(\tau)$ 为在 τ_{gmax} 时间尺度下,用阿伦方差表征的地面测站频率源稳定性,氢钟和石英晶体振荡器在 0.1ms 级的短稳指标在 $1\times10^{-9} \sim 1\times10^{-10}$。$r = \tau/\tau_g \gg 1$,在 τ_g 时间量级上,氢钟的噪声过程为调相白噪声,$\mu = -2$,因此 $B_2(r,\mu) = 0.667$。$\delta R_{max} = \sqrt{2}\times3\times10^{11}\times1.5\times10^{-4}\times0.667\times1\times10^{-9} = 0.043\text{mm}$,0.043mm 远远小于 X 频段波长的 1%,因此在理想情况下,该误差可以忽略不计。

(2) 一般情况

考虑在一般情况下,光纤时频传递过程中引入额外的相位噪声,假设经过光纤传递后 $y_{g_1}(t)$ 与 $y_{g_2}(t)$ 统计无关,式(5-55)变为

$$\delta R = c \left(\int_{t+T_1}^{t+T_1+\tau} y_{g_1}(t)\,dt - \int_{t+T_2}^{t+T_2+\tau} y_{g_2}(t)\,dt \right)$$

$$= c\tau \sqrt{(\sigma_{std}^{g_1}(\tau))^2 + (\sigma_{std}^{g_2}(\tau))^2} \tag{5-57}$$

τ 为累积相位的积分时间，$\sigma_{std}^{g_1}(\tau)$ 和 $\sigma_{std}^{g_2}(\tau)$ 分别为在 τ 的时间尺度下，用标准方差表征的地面测站 1 和 2 的频率源稳定性，τ 的典型值为 1~1000s，在这段时间里，氢钟的噪声过程为调频白噪声，$\mu = -1$。

根据参考文献[14]，在 $\mu = -1$ 时，$\sigma_{std}(\tau)$ 与 $\sigma_y(\tau)$ 近似相等（$\sigma_y(\tau)$ 为阿伦方差）。因此有：

$$\delta R = c\tau \sqrt{(\sigma_y^{g_1}(\tau))^2 + (\sigma_y^{g_2}(\tau))^2} \tag{5-58}$$

$\sigma_y^{g_1}(\tau)$ 和 $\sigma_y^{g_2}(\tau)$ 分别为在 τ 的时间尺度下，用阿伦方差表征的地面测站 1 和 2 的频率源稳定性。若 δR 取 3.6mm（X 频段波长的 1/10），$\sigma_y^{g_1}(\tau)$ 为 T4 Science 氢钟的设计指标，可求得在不同 τ 的情况下，对 $\sigma_y^{g_2}(\tau)$ 的最低要求。

在一般情况下，积分时间的选取为 1~10s，对应的 $\sigma_y^{g_2}(\tau)$ 指标为 $1.2 \times 10^{-11}/s$，$1.2 \times 10^{-12}/10s$。若 $\sigma_y^{g_1}(\tau)$ 和 $\sigma_y^{g_2}(\tau)$ 统计无关，则要求 $\sigma_y^{g_1}(\tau)$ 和 $\sigma_y^{g_2}(\tau)$ 均达到上述指标的 $1/\sqrt{2}$，即 $8.5 \times 10^{-12}/s$，$8.5 \times 10^{-13}/10s$。

2）本地相关处理模式

设在 $t + T$ 时刻，测站 1 收到的信号是 $t + \tau_g$ 时刻的航天器信号，与此同时测站 2 收到的是 t 时刻的航天器信号，设积分时间为 τ，则有：

$$\delta\varphi = \varphi_{sc}(t + \tau_g) - \varphi_{g_1}(t + T) - \varphi_{sc}(t) + \varphi_{g_2}(t + T)$$

$$= 2\pi f_L \left(\int_{t+\tau_g}^{t+\tau_g+\tau} y_{sc}(t)dt - \int_{t+T}^{t+T+\tau} y_{g_1}(t)dt - \right.$$

$$\left. \int_t^{t+\tau} y_{sc}(t)dt + \int_{t+T}^{t+T+\tau} y_{g_2}(t)dt \right) \tag{5-59}$$

$$\delta R = \frac{\delta\varphi}{2\pi f_L}c = c\left(\int_{t+\tau_g}^{t+\tau_g+\tau} y_{sc}(t)dt - \int_{t+T}^{t+T+\tau} y_{g_1}(t)dt - \right.$$

$$\left. \int_t^{t+\tau} y_{sc}(t)dt + \int_{t+T}^{t+T+\tau} y_{g_2}(t)dt \right) \tag{5-60}$$

下面将针对理想情况和一般情况分别进行分析：

（1）理想情况

考虑在理想情况下，光纤时频传递过程中不引入额外的相位噪声，即 $y_{g_1}(t) = y_{g_2}(t)$，式（5-60）变为

$$\delta R = c\left(\int_{t+\tau_g}^{t+\tau_g+\tau} y_{sc}(t)dt - \int_{t+T}^{t+T+\tau} y_{g_1}(t)dt - \int_t^{t+\tau} y_{sc}(t)dt + \int_{t+T}^{t+T+\tau} y_{g_1}(t)dt \right)$$

$$= c \left(\int_{t}^{t+\tau_g} y_{sc}(t) \mathrm{d}t + \int_{t+\tau}^{t+\tau_g+\tau} y_{sc}(t) \mathrm{d}t \right)$$

$$= \sqrt{2} c \tau_g B_2(r, \mu) \sigma_y^{sc}(\tau) \tag{5-61}$$

设两测站直线距离约 45km，则 τ_g 的最大值为

$$\tau_{gmax} = \frac{L}{c} = \frac{45\mathrm{km}}{3 \times 10^5 \mathrm{km/s}} = 1.5 \times 10^{-4} \mathrm{s} = 0.15 \mathrm{ms}$$

其中，$\sigma_y^{sc}(\tau)$ 为在 τ_{gmax} 时间尺度下，用阿伦方差表征的航天器频率源稳定性，氢钟和石英晶体振荡器在 0.1ms 级的短稳指标在 $1 \times 10^{-9} \sim 1 \times 10^{-10}$，均呈现白相位噪声，$B_2(r, \mu) = 0.667$，因此 δR 的理论最大值为

$$\delta R_{max} = \sqrt{2} \times 3 \times 10^{11} \times 1.5 \times 10^{-4} \times 0.667 \times 1 \times 10^{-9} = 0.043 \mathrm{mm}$$

0.043mm 远远小于 X 频段波长的 1%，因此在理想情况下，该误差可以忽略不计。

(2) 一般情况

考虑在一般情况下，光纤时频传递过程中引入额外的相位噪声，假设 $y_{g_1}(t)$ 与 $y_{g_2}(t)$ 统计无关，则有：

$$\delta R = \frac{\delta \varphi}{2\pi f_L} c = c \left(\int_{t+\tau_g}^{t+\tau_g+\tau} y_{sc}(t) \mathrm{d}t - \int_{t+T}^{t+T+\tau} y_{g_1}(t) \mathrm{d}t - \right.$$

$$\left. \int_{t}^{t+\tau} y_{sc}(t) \mathrm{d}t + \int_{t+T}^{t+T+\tau} y_{g_2}(t) \mathrm{d}t \right)$$

$$= \sqrt{2} c \tau_g B_2(r, \mu) \sigma_y^{sc}(\tau) + c\tau \sqrt{(\sigma_y^{g_1}(\tau))^2 + (\sigma_y^{g_2}(\tau))^2} \tag{5-62}$$

τ 为累积相位的积分时间，$\sigma_y^{g_1}(\tau)$、$\sigma_y^{g_2}(\tau)$ 分别为在 τ 的时间尺度下用阿伦方差表征的地面站 1 和 2 的频率源稳定性，$\sigma_y^{sc}(\tau)$ 为在 τ_{gmax} 时间尺度下，用阿伦方差表征的航天器频率源稳定性。由在理想情况下的推论，$\sqrt{2} c \tau_g B_2(r, \mu) \sigma_y^{sc}(\tau)$ 的值可忽略不计，因此：

$$\delta R \approx c\tau \sqrt{(\sigma_y^{g_1}(\tau))^2 + (\sigma_y^{g_2}(\tau))^2} \tag{5-63}$$

τ 的典型值为 $1 \sim 1000\mathrm{s}$，若 δR 取 3.6mm，$\sigma_y^{g_1}(\tau)$ 为 T4 Science 氢钟的设计指标，可求得在不同 τ 的情况下，对 $\sigma_y^{g_2}(\tau)$ 的最低要求。

在一般情况下，积分时间的选取为 $1 \sim 10\mathrm{s}$，对应的 $\sigma_y^{g_2}(\tau)$ 指标为 $1.2 \times 10^{-11}/\mathrm{s}$，$1.2 \times 10^{-12}/10\mathrm{s}$。若 $\sigma_y^{g_1}(\tau)$ 和 $\sigma_y^{g_2}(\tau)$ 统计无关，则要求 $\sigma_y^{g_1}(\tau)$ 和 $\sigma_y^{g_2}(\tau)$ 均达到上述指标的 $1/\sqrt{2}$，即 $8.5 \times 10^{-12}/\mathrm{s}$，$8.5 \times 10^{-13}/10\mathrm{s}$。

5.4.2.2 双差分单向距离测量模式下的影响分析

双差分单向距离测量通过作差的方法消除或减小同源误差的影响,如测站时钟偏差和测量设备的群延迟几乎可以完全消除。在双差分单向距离测量模式下,依然可分为互相关和本地相关两种处理模式,如图 5-5 所示,下面将分别做出分析。

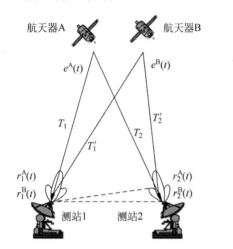 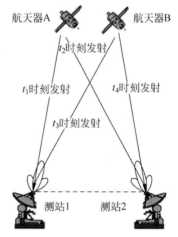

(a) 互相关处理模式　　　　　　　　(b) 本地相关处理模式

图 5-5　信号接收模式

1) 互相关处理模式

由式(5-60)可知:

$$\delta\varphi = 2\pi f_{\mathrm{L}}\left(\int_{t+T_1}^{t+T_1+\tau} y_{\mathrm{g}_1}(t)\mathrm{d}t - \int_{t+T_2}^{t+T_2+\tau} y_{\mathrm{g}_2}(t)\mathrm{d}t\right)$$

亦即,对航天器 A:

$$\delta\varphi^{\mathrm{A}} = 2\pi f_{\mathrm{L}}\left(\int_{t+T_1}^{t+T_1+\tau} y_{\mathrm{g}_1}(t)\mathrm{d}t - \int_{t+T_2}^{t+T_2+\tau} y_{\mathrm{g}_2}(t)\mathrm{d}t\right)$$

对航天器 B:

$$\delta\varphi^{\mathrm{B}} = 2\pi f_{\mathrm{L}}\left(\int_{t+T_1'}^{t+T_1'+\tau} y_{\mathrm{g}_1}(t)\mathrm{d}t - \int_{t+T_2'}^{t+T_2'+\tau} y_{\mathrm{g}_2}(t)\mathrm{d}t\right)$$

其中, $T_1 < T_1'$, $T_2 < T_2'$,则:

$$\begin{aligned}
\delta\delta\varphi &= \delta\varphi^{\mathrm{A}} - \delta\varphi^{\mathrm{B}} \\
&= 2\pi f_{\mathrm{L}}\left(\left(\int_{t+T_1}^{t+T_1'} y_{\mathrm{g}_1}(t)\mathrm{d}t - \int_{t+T_1+\tau}^{t+T_1'+\tau} y_{\mathrm{g}_1}(t)\mathrm{d}t\right) - \right. \\
&\quad \left. \left(\int_{t+T_2}^{t+T_2'} y_{\mathrm{g}_2}(t)\mathrm{d}t - \int_{t+T_2+\tau}^{t+T_2'+\tau} y_{\mathrm{g}_2}(t)\mathrm{d}t\right)\right)
\end{aligned} \tag{5-64}$$

$$\delta\delta R = \frac{\delta\delta\varphi}{2\pi f_{\rm L}} c$$

$$= c \left(\left(\int_{t+T_1}^{t+T_1'} y_{{\rm g}_1}(t)\,{\rm d}t - \int_{t+T_1+\tau}^{t+T_1'+\tau} y_{{\rm g}_1}(t)\,{\rm d}t \right) - \right.$$

$$\left. \left(\int_{t+T_2}^{t+T_2'} y_{{\rm g}_2}(t)\,{\rm d}t - \int_{t+T_2+\tau}^{t+T_2'+\tau} y_{{\rm g}_2}(t)\,{\rm d}t \right) \right)$$

$$= c \left[2(T_1'-T_1)(B_2(r,\mu)\sigma_y^{{\rm g}_1}(\tau))^2 + \right.$$

$$\left. 2(T_2'-T_2)(B_2(r,\mu)\sigma_y^{{\rm g}_2}(\tau))^2 \right]^{1/2} \tag{5-65}$$

其中,$\sigma_y^{{\rm g}_1}(\tau)$、$\sigma_y^{{\rm g}_2}(\tau)$ 分别为地面站 1 和 2 的频率源稳定性阿伦方差。由于航天器 A、B 在同一波束内,可近似认为: $T_1'-T_1 \approx T_2'-T_2 = \Delta T$;同 5.4.2.1 节中的分析,$B_2(r,\mu)=0.667$,此外可近似认为两站频率源的阿伦方差指标相同;即 $\sigma_y(\tau) = \sigma_y^{{\rm g}_1}(\tau) = \sigma_y^{{\rm g}_2}(\tau)$。

式(5-65)可以改写为

$$\delta\delta R = 2c \times 0.667 \times \Delta T \sigma_y(\tau) \tag{5-66}$$

$\delta\delta R_{\rm max} = 2 \times 3 \times 10^{11} \times 0.667 \times 1.5 \times 10^{-4} \times 1 \times 10^{-9} = 0.06{\rm mm}$,0.06mm 远远小于 X 频段波长的 1%,因此测站频率源不稳定性导致的双差分单向测距误差可以忽略不计。

2) 本地相关处理模式

对航天器 A:

$$\delta\varphi^{\rm A} = 2\pi f_{\rm L} \left(\int_{t+\tau_{\rm g}}^{t+\tau_{\rm g}+\tau} y_{\rm sc}^{\rm A}(t)\,{\rm d}t - \int_{t+T}^{t+T+\tau} y_{{\rm g}_1}(t)\,{\rm d}t - \right.$$

$$\left. \int_t^{t+\tau} y_{\rm sc}^{\rm A}(t)\,{\rm d}t + \int_{t+T}^{t+T+\tau} y_{{\rm g}_2}(t)\,{\rm d}t \right) \tag{5-67}$$

对航天器 B:

$$\delta\varphi^{\rm B} = 2\pi f_{\rm L} \left(\int_{t+\tau_{\rm g}}^{t+\tau_{\rm g}+\tau} y_{\rm sc}^{\rm B}(t)\,{\rm d}t - \int_{t+T}^{t+T+\tau} y_{{\rm g}_1}(t)\,{\rm d}t - \right.$$

$$\left. \int_t^{t+\tau} y_{\rm sc}^{\rm B}(t)\,{\rm d}t + \int_{t+T}^{t+T+\tau} y_{{\rm g}_2}(t)\,{\rm d}t \right) \tag{5-68}$$

$$\delta\delta\varphi = \delta\varphi^{\rm A} - \delta\varphi^{\rm B}$$

$$= 2\pi f_{\rm L} \left(\int_{t+\tau_{\rm g}}^{t+\tau_{\rm g}+\tau} y_{\rm sc}^{\rm A}(t)\,{\rm d}t - \int_t^{t+\tau} y_{\rm sc}^{\rm A}(t)\,{\rm d}t - \right.$$

$$\left. \int_{t+\tau_{\rm g}}^{t+\tau_{\rm g}+\tau} y_{\rm sc}^{\rm B}(t)\,{\rm d}t + \int_t^{t+\tau} y_{\rm sc}^{\rm B}(t)\,{\rm d}t \right) \tag{5-69}$$

$$\delta\delta R = \frac{\delta\delta\psi}{2\pi f_L}c$$

$$= c\left(\int_{t+\tau_g}^{t+\tau_g+\tau} y_{sc}^A(t)\,dt - \int_t^{t+\tau} y_{sc}^A(t)\,dt - \right.$$

$$\left. \int_{t+\tau_g}^{t+\tau_g+\tau} y_{sc}^B(t)\,dt + \int_t^{t+\tau} y_{sc}^B(t)\,dt\right)$$

$$= c\left(\int_t^{t+\tau_g} y_{sc}^A(t)\,dt - \int_{t+\tau}^{t+\tau_g+\tau} y_{sc}^A(t)\,dt - \right.$$

$$\left. \int_t^{t+\tau_g} y_{sc}^B(t)\,dt + \int_{t+\tau}^{t+\tau_g+\tau} y_{sc}^B(t)\,dt\right) \tag{5-70}$$

为便于分析,假设航天器 A、B 频率源阿伦方差均为 $\sigma_y^{sc}(\tau)$,则

$$\begin{cases} \delta\delta R = 2c\tau_g B_2(r,\mu)\sigma_y^{sc}(\tau) \\ \delta\delta R_{max} = 2\times 3\times 10^{11}\times 1.5\times 10^{-4}\times 0.667\times 1\times 10^{-9} = 0.06\text{mm} \end{cases}$$
$$\tag{5-71}$$

X 频段波长约为 3.6cm,0.06mm 远远小于 X 频段波长的 1%,因此,航天器频率源不稳定性导致的双差分单向测距误差可以忽略不计,测站频率源不稳定性不会导致双差分单向测距误差。

5.4.3 结论

本节针对差分单向测距/双差分单向测距,本地相关/互相关等各种干涉测量模式,给出了频率源稳定性对测量精度影响的解析表达式。

分析计算结果表明,如果要解出载波相位延迟量,在其他误差因素不会导致相位模糊的情况下,针对 X 频段差分单向测距,频率稳定性优于 8.5×10^{-12}/s 即可;针对双差分单向测距,对频率稳定性的要求可进一步放宽。由此可知,连线干涉测量对频率源稳定性的要求并不高,一般的铯钟、氢钟均可满足需要。

5.5 CEI 测量的应用

5.5.1 应用概述

美国 NASA 深空网从 20 世纪 80 年代开始进行了一系列 CEI 验证试验。1987 年在戈尔德斯通深空站 DSS 12 和 DSS 13 之间 6km 的基线上首次进行了 CEI 验证试验。1989 年 6 月和 7 月,在 DSS 13 和 DSS 15 之间 21km 的基线上进行了多次试验,试验中都使用双频观测,分别在 2.3GHz

(S 频段)和 8.4GHz(X 频段)上,并使用 Block 0 VLBI 数据获取系统进行采样和记录各站接收信号,所达到的角精度为 50～100nrad,预计基线长度提高至 100km,精度可达 10～20nrad 水平。近些年美国 NASA 深空网还进行了多次如双基线 CEI 测量、CEI 加多普勒测量等多种组合模式的试验,所获得的测角精度在 40～100nrad 之间[2-4]。

在 20 世纪 90 年代,日本利用 CEI 测量技术对位于东经 110°的两颗共位地球静止轨道卫星进行了相对定位试验,利用 3 套 1.2m 口径的小天线形成 L 型正交基线,基线长度分别为 110m 和 130m,星上信标频率为 11GHz,最终得到的相对定位精度为 150m[15]。

然而,当 CEI 测量技术应用于深空探测领域时,为了能够有效利用射电源进行差分标校,需要地面测站天线有较高的 G/T 值,这一要求还是较为苛刻的。如果将标校源由射电源换为地球静止轨道卫星,则对地面天线 G/T 值的要求将显著下降,也为 CEI 的应用带来了更广阔的空间。比如,可以通过同波束 CEI 测量技术来对共位的同步静止轨道卫星进行相对定位。此外,利用已知精密星历的地球静止轨道卫星(如北斗 GEO 卫星)做标校源,可以在目标卫星与其角距较近时开展 CEI 测量,能否得到载波相位延迟量取决于角距、下行信号形式、信噪比等。

在对测量精度要求不高的情况下,也可以采用单差分 CEI 测量技术,被动接收卫星信号,对空间目标进行监视。目前空间目标监视主要采用脉冲雷达,测量元素为距离和角度,精度不高(测量误差引起的空间位置误差达公里量级);如果利用连线干涉测量得到测角信息融合脉冲雷达的测距信息,可提高空间目标监视的效率和定轨精度。

5.5.2 CEI 用于共位同步卫星相对定位

5.5.2.1 技术优势

在上述各种应用中,利用 CEI 技术实现对共位同步静止轨道卫星的相对定位在现阶段有着较大的意义。目前,地球静止轨道卫星的轨位资源紧张,多颗卫星共用同一经度位置,采用多星共位技术的共位卫星数量最多已达到 7 颗。为了避免共用区内相邻卫星间的无线电频率干扰以及潜在的碰撞危险,需要对卫星实施较为精确的定轨定位,尤其是相对定位。目前,国内对于地球同步卫星的定轨定位通常采用一站一星、长时间测量的模式,测量精度不高而且需长时间测量才能定轨;若采用多站 CEI 测量的方法,则能够在短时间内依靠几何定位的方法得到较高的定轨精度,而且仅利用 3

个地面站 CEI 测量,就能够对多颗地球同步卫星进行定轨,比采用一站一星有着更高的经济效益。采用单站测量和多站 CEI 测量进行地球静止轨道卫星定轨和定位的比较如表 5-4 所示。

表 5-4　地球静止轨道卫星的测量方法比较

比 较 指 标	单 站 测 量	多站 CEI 测量
测量原理	通过发送侧音解模糊的方法得到测距信息,通过比幅单脉冲测角的方法获得方位角和俯仰角信息	通过干涉测量的方法获得航天器信号源到两个地面接收站间的时延,进而获得测角信息
定轨定位精度	较低,通常为公里量级	较高,优于百米
主要优点	仅需 1 个站就能完成对某颗卫星的定轨定位工作	1) 仅需 3 个站就能完成对多颗卫星的定轨定位工作,综合效益较高; 2) 通过短时间测量就能几何定位; 3) 采用被动式测量方式,无需星上配合; 4) 可以完成对共位卫星的同时测量,且测量精度较高
主要缺点	1) 需要长时间测量,通常为 10 个小时以上; 2) 采用主动测量模式,需要星上进行配合; 3) 无法对共位卫星同时进行测量	需要至少 2 个站才能构成基线,仅有 1 个站的情况下无法完成测量

5.5.2.2　测量系统构建

基于光纤时频传递的高轨卫星连线干涉测量系统构成如图 5-6 所示。图中给出了时频中心至两个测站的示意图,在实际方案实施中,可以扩展为时频中心至多个测站。此外,时频中心与某测站可处于同一地理位置。

该系统主要由高频接收分系统、数据采集与基带转换分系统、时频传递分系统、时频接口分系统、实时相关处理分系统、定轨定位计算分系统组成。高频接收分系统和数据采集与基带转换分系统完成航天器信号的接收和数据采集;时频传递分系统完成从频率源到测控设备的时频传递,向测控设备输送 10MHz 频标及秒脉冲信号,确保两个站频率信号的相干性;时频接口分系统通过高稳锁相环来确保高精度的测量需求;实时相关处理分系统完成对航天器信号连线干涉测量的相关处理工作,获得高精度相位延迟或群延迟量;定轨定位计算分系统通过获取的测量数据完成对航天器的定轨定位计算工作。

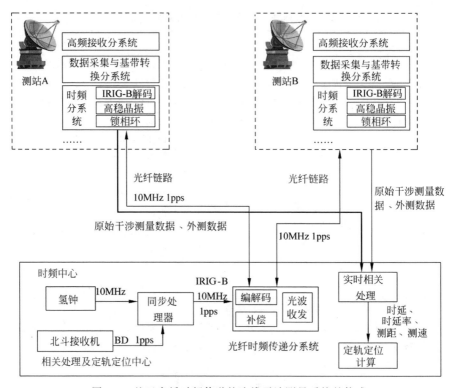

图 5-6　基于光纤时频传递的连线干涉测量系统的构成

5.5.2.3　相对定位指标分析

1)双地球静止轨道卫星连线干涉误差预算分析

在上述试验系统中,两站形成的实际基线长度约 45km,由于两测站相距达到一定距离,信号由卫星到达地面的空间传播路径将具有一定差异,由对流层、电离层静态分量引起的信号延迟在站间差分中虽然能够大部分抵消,但由于地域差异较大,动态分量引起的信号延迟不能够很好的抵消,这时需要采用差分观测的方式,即在天线同一波束内对两目标进行同波束干涉,通过星间差分消除信号传播路径上的介质误差。同时,星间差分不仅能够消除路径介质误差,还能够降低基线空间不确定性和时频系统的影响,对 45km 距离双站进行连线干涉测量的误差预算参数如表 5-5 所示。

表 5-5　45km 基线双地球静止轨道卫星连线干涉测量误差预算参数

参　数　项	描　　述	参　数　值
φ	测站地理纬度	$40°N$
γ_{SCi}	航天器 1 相对于测站 i 的仰角	$43.8°$
d	航天器 2 与航天器 1 在测站视线垂直方向上的空间距离	70km
$(G/T)_i$	天线 i 的 G/T 值	27.5dB/K
θ	天线波束宽度	$27°$
k	玻耳兹曼常数	$1.38×10^{-23}$ J/K
f_{RF}	射频信号频率	3.7GHz
λ	射频信号波长	0.081m
T	射频信号周期	270.3ps
R	航天器到接收机距离	37 715km
$(P_{DOR}/N_0)_i$	测站 i 的 DOR 单音信噪谱密度比	10dB·Hz
T_i	测站 i 的 DOR 单音检测积分时间	10s
$\varepsilon_{\Delta f/f}$	10s 时长内的仪器频率稳定性	$2×10^{-14}$
ε_ϕ	仪器相位抖动	$5°$
ε_{BL}	基线坐标不确定性	0.03m
ρ_{troi}	测站 i 的天顶对流层延迟不确定性	2.4m(8ns)
TEC_i	测站 i 天顶方向信号传播路径上的总电子数	100TECU

根据上述误差预算参数,利用 45km 距离双站对两颗地球静止轨道卫星进行差分连线干涉测量的误差预算结果如表 5-6 所示。

表 5-6　45km 基线双地球静止轨道卫星连线干涉测量误差预算结果

误　差　源	误差/ps
航天器 1 接收机热噪声	6.1
航天器 2 接收机热噪声	6.1
电离层残余延迟	27.7
对流层残余延迟	32.7
仪器相位抖动	7.5
基线误差	0.2
钟差	≈0
频率稳定度	≈0
总误差(RSS)	45

对于 45km 基线长度,45ps 延迟误差引起的测角误差约为

$$d\theta = \frac{c}{B} d\tau_g = \frac{3×10^8}{45\ 000} × 45 ×10^{-12} = 3 ×10^{-7} \text{rad}$$

对于地球静止轨道卫星,这一测角误差对应的空间位置误差约为

$$3 \times 10^{-7} \, \text{rad} \times 37715 \, \text{km} \approx 11.3 \, \text{m}$$

2)月面着陆器与巡视器连线干涉误差预算分析

相比于地球静止轨道卫星,月球目标距地球更为遥远,对测角精度要求更高,因此在 45km 基线上获取的连线干涉测量结果将更有意义。下面以 45km 基线为例,对月面着陆器与巡视器进行差分连线干涉测量进行误差预算。误差预算参数如表 5-7 所示,结果如表 5-8 所示。

表 5-7　45km 距离双站月面着陆器与巡视器连线干涉测量误差预算参数

参 数 项	描 　 述	参 数 值
φ	测站地理纬度	40°N
γ_{SCi}	航天器 1 相对于测站 i 的仰角	65.0°
d	航天器 2 与航天器 1 在测站视线垂直方向上的空间距离	10km
$(G/T)_i$	天线 i 的 G/T 值	35.5dB/K
θ	天线波束宽度	11.9°
k	玻耳兹曼常数	$1.38 \times 10^{-23} \, \text{J/K}$
f_{RF}	射频信号频率	8.4GHz
λ	射频信号波长	0.035m
T	射频信号周期	119ps
R	航天器到接收机距离	380 000km
$(P_{DOR}/N_0)_i$	测站 i 的 DOR 单音信噪谱密度比	10dB·Hz
T_i	测站 i 的 DOR 单音检测积分时间	10s
$\varepsilon_{\Delta f/f}$	10s 时长内的仪器频率稳定性	2×10^{-14}
ε_ϕ	仪器相位抖动	5°
ε_{BL}	基线坐标不确定性	0.03m
ρ_{troi}	测站 i 的天顶对流层延迟不确定性	2.4m(8ns)
TEC_i	测站 i 天顶方向信号传播路径上的总电子数	100TECU

表 5-8　45km 距离双站月面着陆器与巡视器连线干涉测量误差预算分析结果

误 差 源	误差/ps
航天器 1 接收机热噪声	2.7
航天器 2 接收机热噪声	2.7
电离层残余延迟	≈ 0
对流层残余延迟	≈ 0
仪器相位抖动	3.5

续表

误　差　源	误差/ps
基线误差	0.2
钟差	≈ 0
频率稳定度	≈ 0
总误差（RSS）	6

参考文献

[1] 李海涛,于益农,李国民. CEI 测量技术[C]//提高全民科学素质,建设创新型国家——2006 中国科协年会论文集(下册). 2006：245-249.

[2] EDWARDS C D. Angular navigation on short baselines using phase delay interferometry[J]. IEEE Transactions on Instrumentation Measurement,1989,38(2)：665-667.

[3] EDWARDS C J,ROGSTAD D,FORT D,et al. The Goldstone real-time connected element interferometer[J]. TDA Progress Report,1992,42(110)：52-62.

[4] EDWARDS C D. Goldstone intracomplex connected element interferometry[J]. TDA Progress Report,1990,42(101)：1.

[5] THURMAN S W. Information content of a single pass of phase-delay data form a short baseline connected element interferometer[J]. TDA Progress Report,1990,42(101)：26.

[6] KINMAN P W. Delta-differential one way ranging[J]. DSMS Telecommunications Link Design Handbook,2004,210.

[7] BORDER J S,KOUKOS J A. Technical characteristics and accuracy capabilities of delta differential one-way ranging (delta-DOR) as a spacecraft navigation tool[R]. CCSDS,Report of the Proceedings of the RF and Modulation Subpanel 1E Meeting. German,1994.

[8] Delta-DOR—technical characteristics and performance[S]. CCSDS,500. 1-G-1,Washington D. C. ：[s. n.],2013.

[9] THORNTON C L,BORDER J S. Radiometric tracking techniques for deep-space navigation[M]. New Jersey：John Wiley & Sons,2003.

[10] 童宝润. 时间统一系统[M]. 北京：国防工业出版社,2003：51-59.

[11] BARNES J A. Tables of bias functions,B1 and B2,for variances based on finite samples of processes with power law spectral densities[R]. Washington D. C. ：United States Department of Commerce,National Bureau of Standards,1969.

[12] 黄磊,李海涛,郝万宏. 频率源特性对 CEI 精度影响分析[J]. 飞行器测控学报,2014,33(5)：371-376.

[13] REINHARDT V. Frequency stability requirements for two way range rate tracking[R]. Washington D. C. : NASA,1975: 265-283.

[14] BOUFFIER A. Assessment of navigational errors on spacecraft due to ground station phase instabilities[D]. Darmstadt: University of Darmstadt,2004.

[15] KAWASE S, SAWADA F. Interferometric tracking for close geosynchronous satellites[J]. The Journal of the Astronautical Science,1999,47(1): 151-163.

第6章

同波束干涉(SBI)
测量技术

6.1 SBI 测量基本原理

当两个航天器在角度上非常接近时，它们可以在一个地面天线的同一波束内被观测，使用来自两个深空天线对两个航天器的同时观测量，可以生成差分干涉观测量，这一技术被称为"同波束干涉测量（same beam interferometry，SBI）"。SBI 是 ΔVLBI 的衍生技术，是一种精确的地基无线电测量和导航手段，其对两个航天器在垂直于径向方向天平面内的相对位置信息极为敏感，可直接用于精确确定两目标在天平面内的二维相对位置，若与径向测距测速获得距离和速度信息联合，则可实现两目标空间三维的相对定位[1]。

以图 6-1 为例，由于两个航天器的角距离非常近（从地球看火星的视角直径只有 124μrad），每个地球天线可以同时接收到来自两个航天器的信号。由于从一个航天器上发射的信号到达两个地球站的时间不同；这之间的延迟就反映了两个站间的连线矢量与地球—航天器间连线的方向矢量之间的夹角，如图 6-2 所示。

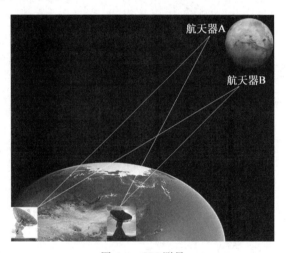

图 6-1　SBI 测量

延迟对应的距离差与上述两个矢量间的关系为

$$\Delta\rho = \boldsymbol{B} \cdot (\boldsymbol{r}/r)$$

其中，$\boldsymbol{B}$ 为两个地球测站的站间连线矢量，$\boldsymbol{r}$ 为航天器的地心矢量。上式为一种近似表达式：由于航天器很遥远，$\boldsymbol{B}$ 在 $\boldsymbol{R}_2$（或 $\boldsymbol{R}_1$）上的投影近似等于 $\boldsymbol{B}$ 在 $\boldsymbol{r}$ 上的投影。

但是，同一航天器对两个测站的延迟这一观测量受到了一系列误差的

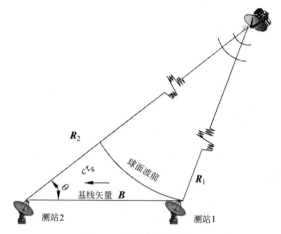

图 6-2 差分测距的原理

影响。这种影响可以通过将两个航天器对同一对测站的延迟进行差分而得到极大的消除。这种双差的观测量提供了两航天器在两测站站间基线在天平面投影方向上的角度分离的精确测量。这种观测量的数学表达式为

$$\tau_g = \frac{1}{c} \boldsymbol{B} \cdot (s_A - s_B) \tag{6-1}$$

其中，c 为光速，$\boldsymbol{B}$ 为两个地球测站的站间连线矢量，s_A 为航天器 A 的地心方向矢量，s_B 为航天器 B 的地心方向矢量。

如果每个航天器的信号传输频率都是 f，那么两次差分（先站间差分，再星间差分）的时延 τ 可以表示为[2]

$$\tau(t) = \frac{\left[\phi_{12}(t) - \phi_{11}(t)\right] - \left[\phi_{22}(t) - \phi_{21}(t)\right] + b}{f} = \frac{\Delta^2 \phi}{f} \tag{6-2}$$

其中，$\phi_{ij}(t)$ 表示第 j 个测站收到的第 i 个航天器的信号，b 是未知的整周期相位偏置（b 存在的原因是由于硬件上只能测量信号相位非整周期的部分，整周期部分是测不出来的）。值得注意的是，在一个连续的时间区间上测量的同波束干涉时延 τ 具有相同的整周期偏置 b，因此这一段区间上双差时延的变化精确地反映了两个目标角位置的变化。

6.1.1 SBI 测量数据类型

在无线电跟踪测量技术中，应用的主要物理原理就是两点：一点是，信号在空间中传输时信号的相位会发生周期性的变化，这种变化与信号传输的距离有关；另外一点是运动着的物体发出信号的频率相比于标准频率会

发生频率偏移，即多普勒效应，这种频率的偏移反映了物体运动的快慢。可见，测量信号的相位可以间接测量目标的距离，测量信号的频移可以间接测量目标的速度。

根据同波束干涉测量的定义：两个目标的角距离足够小以致可以同时出现在天线的波束宽度之内，进而生成差分干涉观测量。这种差分既可以是相位上的差分，也可以是频移上的差分。

一般的运用模式是 SBI＋多普勒测量。分析表明[2]：同时接收来自火星表面着陆器和漫游器超过两天以上的多普勒和测距数据，才能使它们的相对定位精度到达 20m 以下；但是获得一个小时的多普勒测速＋SBI 观测数据即可使二者的三维定位精度达到 5m 以下。

将 SBI 作为对多普勒数据的补充，精确测量航天器在天平面上的角度分离时，这个时候的直接测量量，就是来自两个航天器信号的相位。通过在测站用锁相环锁相接收每个航天器信号的相位并记录下来，然后进行两次差分，即可得到双差相位 $\Delta^2\phi$（事实上，$\Delta^2\phi$ 中包含不能直接测量的整周期相位偏置，需要后续工作才能解决）。

6.1.2 SBI 测量数据收发/记录模式

在"麦哲伦号"与"先驱者 12 号"联合观测任务中[3]，深空测控站与航天器进行的是双向通信模式：由测站发射信号，然后由航天器相干转发，最后再由发射了信号的测站接收回波信号。两个航天器的 SBI 和多普勒数据都是在双向模式下收集的，除了有两段"麦哲伦号"的数据是以单向模式接收的。可见，SBI 的数据收发模式有两种，一种是双向模式，这种模式下是以地面测站的晶振作为频率参考的；另外一种是单向模式，这种模式下是以航天器星上晶振作为频率参考的。由于接收到的航天器信号会在两个测站之间进行差分，因此 SBI 的数据精度与跟踪模式是双程还是单程关系不大。为了充分运用 SBI 效率上的优势，应该在同一测站接收两个甚至更多航天器的信号。这就要求用单向模式替代双向模式以便不再需要发射多个上行信号，即单向模式是主流。单向模式要求：航天器上的振荡器能够提供足够的频率稳定性，测站能够同时接收两个甚至多个航天器的下行信号。

SBI 的数据记录模式也有开环和闭环两种模式。在"麦哲伦号"与"先驱者 12 号"联合观测任务中，SBI 的数据是用 NCB VLBI 系统以开环模式记录的。根据 ΔDOR 技术中对射电星的观测模式，SBI 的观测模式也应该是以接收航天器信号的频率为中心频率（包括多普勒频移），记录一定带宽内的信号数据（带宽应满足在多普勒频移的影响下，仍能够覆盖航天器信号的带宽)。若数据是以开坏模式记录的,则还需要对数据进行互相关处理以产生时延观测量。在闭环模式下,测站用锁相环锁相跟踪来自航天器的信号的相位,用相位差分产生时延差分观测量。

根据 VLBI 与 SBI 精度的比较,SBI 比传统 VLBI 精度更高的一个重要原因是用测量相位差来替代互相关的群延时,也就是说硬件上测量相位可以比互相关更准确地测定时延。因此,闭环模式更主流。

目前,SBI 直接观测量主流的产生方式是以单向模式闭环锁相接收航天器的发射信号。

6.1.3 SBI 测量典型观测条件

SBI 数据的优势就在于能够从很短的数据弧段快速精确地确定目标间的相对位置。研究表明,短到一个小时的数据弧段就可以达到几米的位置确定精度。

进行同波束干涉测量,需要满足以下几个基本条件:

(1) 两个待测目标角距离必需足够近,其信号可以在地基天线的同一个波束内出现并被捕获。根据天线波束宽度的经验公式 $\theta \approx 70 \dfrac{\lambda}{D}$,有两个关键因素,即信号波长与天线的几何尺寸,其关系图如图 6-3、图 6-4 所示。

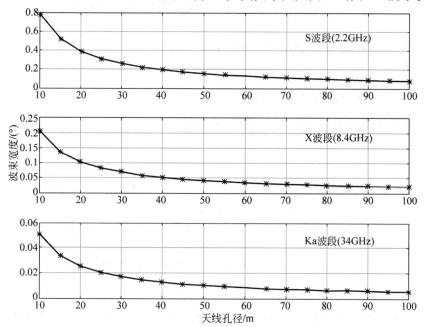

图 6-3 不同孔径天线在不同波段的波束宽度

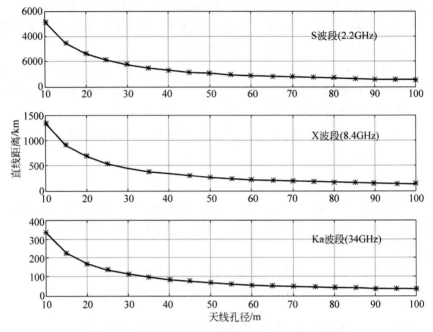

图 6-4   天线波束宽度在月球距离上对应的直线距离

（2）两个相距很远的地基天线可以同时接收到卫星的信号。

6.2   SBI 测量解相位整周模糊

6.2.1   解相位整周模糊的意义

航天器到达两测站的距离之差与测量信号的波长及相位的关系如图 6-5 所示。

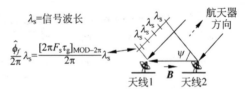

图 6-5   航天器单向差分测距相位整周模糊

由图 6-5 可见,航天器信号到两个测站的传播延迟(单向差分距离)包含了信号相位的整周部分,而整周部分的数值则与航天器同两测站的几何构型及航天器信号的频谱有关。地面测站只能实现对航天器信号非整周部分的测量,无法直接确定信号延迟的整周部分,这就是相位整周模糊的根本原因。

对于一个点频信号 F_s,对应的最大单向无模糊时间延迟 x_g 为

$$2\pi F_s \cdot x_g = 2\pi \Rightarrow x_g = \frac{1}{F_s} \tag{6-3}$$

相应的最大单向无模糊距离为

$$c \cdot x_g = \frac{c}{F_s} = \lambda_s \tag{6-4}$$

其含义是当航天器到两个测站的距离差的变化不超过航天器点频信号的一个波长时,只通过地面测站测量信号的非整周部分即可完全确定航天器的位置变化,而无需确定信号相位整周。

如果将单向差分无模糊距离变化量转化为基线方向上航天器空间角度的无模糊变化量,有

$$\Delta\psi_{\text{无模糊}} = -\frac{c}{B\sin\psi} x_g = -\frac{c}{B\sin\psi}\frac{1}{F_s} = -\frac{\lambda_s}{B\sin\psi} \tag{6-5}$$

能否解决相位整周模糊问题是决定能不能实现基于载波相位的双差分进而实现 SBI 测量的关键因素,所以解相位整周模糊是实施 SBI 的关键技术,也是目前国际上各航天机构在深空探测任务中实施高精度航天器差分干涉测量技术的研究热点。只有解决了相位整周模糊问题,才能发挥出测量载波相位延迟的巨大优势。下面以月面着陆器、巡视器为例分析在同波束条件下可能达到的相对距离测量精度。

假设着陆器、巡视器、两个测站都在一个平面内,如图 6-6 所示。

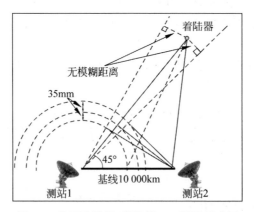

图 6-6　月面着陆器、巡视器 SBI 测量示意图

设基线长度为 10 000km,基线中点至着陆器的距离为 380 000km,角度如图 6-6 所示,着陆器、巡视器的载波频率均为 8.4GHz(对应的波长为

35mm）。此时可以精确测定着陆器的位置，并默认其位置如图 6-6 所示。着陆器的位置可以作为巡视器位置的先验信息。巡视器无模糊意味着巡视器站间差分相位相比于先验信息（即着陆器的站间差分相位）应该不超过一个周期，因此临界模糊值为 2π，对应的波长为 35mm。着陆器站间差分距离约为 7 071 067.812m，在此基础上加减 35mm，即为巡视器临界模糊对应的站间差分距离。由该距离即可折算出只用 8.4GHz 的载波能够分辨出的着陆器-巡视器的最大角距，这个值分别为 $2.863\times10^{-7}°$、$2.838\times10^{-7}°$，其对应的距离分别为

$$\frac{2.863\times10^{-7}}{360}\times 2\pi \times 383\,551\,829 \approx 1.9166\text{m}$$

$$\frac{2.838\times10^{-7}}{360}\times 2\pi \times 383\,551\,829 \approx 1.8998\text{m}$$

这一结果是与"嫦娥三号"任务实际所能达到的最高精度相一致的。然而，如果没有使用 SBI 解相位整周模糊技术，使用 ΔDOR 技术对着陆器定位的精度仅为百米量级。SBI 解相位整周模糊的意义不言而喻。

6.2.2　解相位整周模糊方法综述

目前，国际上针对航天器干涉测量解相位整周模糊问题主要有三种技术[4]：①相位参考方法（phase referencing），其基本思想是利用长短不等的各条基线按照射电天文成图方法计算复相关系数解相位模糊，以美国的 VLBA 为代表；②频率综合方法（radio frequency synthesis），其基本思想是利用很宽的扩展带宽得到的群延迟确定载波的相位延迟整周模糊，以 JAXA 为代表；③地球自转综合（Earth rotation synthesis），即利用地球旋转改变基线长短从而依次确定载波相位延迟的整周模糊。三种技术的对比如表 6-1 所示。

表 6-1　解相位整周模糊三种技术的对比

比 较 指 标	相 位 参 考	频 率 综 合	地球自转综合
测站数量	10	3	2
测角精度	1nrad	1nrad	1～10nrad
观测量	载波相位延迟	群延迟和载波相位延迟	载波相位延迟
关键技术	多基线解载波相位模糊	大扩展带宽的群延迟解载波相位模糊	基线旋转解载波相位模糊
两个角度分量	可直接求出	需 2 条基线	可直接求出

续表

比较指标	相位参考	频率综合	地球自转综合
优点	无需DOR侧音;可能不影响其他测站的遥测接收;对天气影响的鲁棒性强	仅使用两个测站;所需的观测时间短	无需DOR侧音;可能不影响其他测站的遥测接收
缺点	需要大规模的天线阵列	X频段带宽有限;恶劣天气下相位延迟测量鲁棒性差	必须有很短的基线且需要长期测量;恶劣天气下相位延迟测量鲁棒性差

由表6-1可见,基于地球自转综合解相位整周模糊方法的可行性和可靠性较差,将其作为工程实施的意义不大。而基于VLBA相位参考的方式,由于我国天线数量有限,目前尚无实施的可能。基于频率综合解模糊这一技术比较符合我国的具体国情,并且其基本思想与JPL和ESA推行的ΔDOR技术相同。因此,开展对频率综合解相位整周模糊这一关键技术的研究,对于我国突破ΔDOR技术和SBI技术具有重要的理论和工程意义。

6.2.3 频率综合解相位模糊

以下给出了一种基于S、X双频段频率综合解模糊的方法[5]。

在同波束观测的前提下,由于要保证两航天器相近的点频被地面测站的同一信号通道接收,以便做相位差分时能够消去设备相位延迟,设备的单通道频率带宽一般为2MHz,因而两航天器的点频事实上是很近的,只要保证加入多普勒频移后仍能够分辨即可。

基于S、X双频段频率综合解模糊对两航天器的频谱设计如图6-7所示。

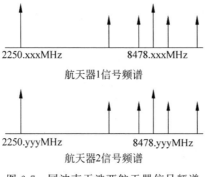

图6-7 同波束干涉两航天器信号频谱

即两航天器均发送 S 频段单载波以及调制有两根 DOR 侧音的 X 频段载波,侧音频率分别为 4MHz 和 20MHz。为区别两目标航天器信号,二者同点频信号仍需具有一定的差异,图 6-7 中以"xxx"和"yyy"表示。假设 S 频段和 X 频段载波信号的频率分别为 $f_s = 2250\text{MHz}$ 和 $f_x = 8478\text{MHz}$,则 DOR 侧音的频率分别为

$$f_{2L}^{\text{DOR}} = (8478 - 20) = 8458\text{MHz}$$
$$f_{1L}^{\text{DOR}} = (8478 - 4) = 8474\text{MHz}$$
$$f_{1U}^{\text{DOR}} = (8478 + 4) = 8482\text{MHz}$$
$$f_{2U}^{\text{DOR}} = (8478 + 20) = 8498\text{MHz}$$

因此,对于两航天器 6 个信号点频上经站间差分及星间差分得到的 6 个差分干涉残差相位延迟为

$$\Delta\Delta\phi_s(t) = 2\pi f_s \cdot \Delta\Delta\Delta\tau_{\text{geo}}^s - 2\pi k \frac{\Delta\Delta D(t)}{f_s} -$$
$$2\pi\Delta\Delta N_s + \sigma_{\phi_s} \tag{6-6}$$

$$\Delta\Delta\phi_{2L}^{\text{DOR}}(t) = 2\pi f_{2L}^{\text{DOR}} \cdot \Delta\Delta\Delta\tau_{\text{geo}}^x - 2\pi k \frac{\Delta\Delta D(t)}{f_{2L}^{\text{DOR}}} -$$
$$2\pi\Delta\Delta N_{2L}^{\text{DOR}} + \sigma_{\phi_2^{\text{DOR}}} \tag{6-7}$$

$$\Delta\Delta\phi_{1L}^{\text{DOR}}(t) = 2\pi f_{1L}^{\text{DOR}} \cdot \Delta\Delta\Delta\tau_{\text{geo}}^x - 2\pi k \frac{\Delta\Delta D(t)}{f_{1L}^{\text{DOR}}} -$$
$$2\pi\Delta\Delta N_{1L}^{\text{DOR}} + \sigma_{\phi_1^{\text{DOR}}} \tag{6-8}$$

$$\Delta\Delta\phi_x(t) = 2\pi f_x \cdot \Delta\Delta\Delta\tau_{\text{geo}}^x - 2\pi k \frac{\Delta\Delta D(t)}{f_x} -$$
$$2\pi\Delta\Delta N_x + \sigma_{\phi_x} \tag{6-9}$$

$$\Delta\Delta\phi_{1U}^{\text{DOR}}(t) = 2\pi f_{1U}^{\text{DOR}} \cdot \Delta\Delta\Delta\tau_{\text{geo}}^x - 2\pi k \frac{\Delta\Delta D(t)}{f_{1U}^{\text{DOR}}} -$$
$$2\pi\Delta\Delta N_{1U}^{\text{DOR}} + \sigma_{\phi_1^{\text{DOR}}} \tag{6-10}$$

$$\Delta\Delta\phi_{2U}^{\text{DOR}}(t) = 2\pi f_{2U}^{\text{DOR}} \cdot \Delta\Delta\Delta\tau_{\text{geo}}^x - 2\pi k \frac{\Delta\Delta D(t)}{f_{2U}^{\text{DOR}}} -$$
$$2\pi\Delta\Delta N_{2U}^{\text{DOR}} + \sigma_{\phi_2^{\text{DOR}}} \tag{6-11}$$

其中,σ_ϕ 为相位测量值的随机误差。

注意,式(6-6)与后续各式中 $\Delta\Delta\Delta\tau_{\text{geo}}^s$ 和 $\Delta\Delta\Delta\tau_{\text{geo}}^x$ 不同,因为发射 S、X 频段信号的天线不同,参考相位中心不同,故几何延迟不同,在解模糊过程

中,需要利用姿态数据进行补偿。

在解模糊过程中,用到了所谓的"宽巷(wide lane)"技术。宽巷,是两个点频信号的线性组合。宽巷信号的相位为一个点频信号的相位减去另一个点频信号的相位,宽巷信号的频率为一个点频信号的频率减去另一个点频信号的频率。解模糊的基本思路,是由低频的宽巷信号延迟确定高频的宽巷信号延迟相位模糊,最终确定载波延迟的相位模糊。

为了解得 X 频段载波相位延迟,需要按照以下四个步骤实现:

(1) 解宽巷($f_{1U}^{DOR} - f_{1L}^{DOR}$)对应的群延迟模糊;

(2) 解宽巷($f_{2U}^{DOR} - f_{2L}^{DOR}$)对应的群延迟模糊;

(3) 解载波 f_s 对应的相位延迟模糊;

(4) 解载波 f_x 对应的相位延迟模糊。

解模糊的具体过程见以下几个小节。

6.2.3.1 解 8MHz 群延迟相位整周模糊

频率为 8MHz 的宽巷信号,由 4MHz DOR 侧音调制 X 频段载波形成的上下边带副载波形成,即

$$f_1^{DOR} = f_{1U}^{DOR} - f_{1L}^{DOR} = 8482 - 8474 = 8MHz \tag{6-12}$$

式(6-10)减式(6-8),有:

$$\Delta\Delta\phi_{1U}^{DOR} - \Delta\Delta\phi_{1L}^{DOR} = 2\pi(f_{1U}^{DOR} - f_{1L}^{DOR}) \cdot \Delta\Delta\Delta\tau_{geo}^{x} -$$
$$2\pi k \Delta\Delta D(t)\left(\frac{1}{f_{1U}^{DOR}} - \frac{1}{f_{1L}^{DOR}}\right) -$$
$$2\pi(\Delta\Delta N_{1U}^{DOR} - \Delta\Delta N_{1L}^{DOR}) + \sqrt{2}\sigma_{\phi_1^{DOR}} \tag{6-13}$$

将相位整周数移到等式左边,有:

$$N_1^{DOR} = \Delta\Delta N_{1U}^{DOR} - \Delta\Delta N_{1L}^{DOR}$$
$$= -\frac{\Delta\Delta\phi_{1U}^{DOR} - \Delta\Delta\phi_{1L}^{DOR}}{2\pi} + (f_{1U}^{DOR} - f_{1L}^{DOR}) \cdot \Delta\Delta\tau_{geo}^{x} -$$
$$k\Delta\Delta D(t)\left(\frac{1}{f_{1U}^{DOR}} - \frac{1}{f_{1L}^{DOR}}\right) + \frac{\sqrt{2}\sigma_{\phi_1^{DOR}}}{2\pi} \tag{6-14}$$

式(6-14)中,$\Delta\Delta\phi_{1U}^{DOR} - \Delta\Delta\phi_{1L}^{DOR}$ 是实际的测量值,为已知项。为解相位整周模糊,需要式(6-14)右端第二至第四项之和的绝对值小于 1/2,即有:

$$\left| (f_{1U}^{DOR} - f_{1L}^{DOR}) \cdot \Delta\Delta\tau_{geo}^{x} - k\Delta\Delta D(t)\left(\frac{1}{f_{1U}^{DOR}} - \frac{1}{f_{1L}^{DOR}}\right) + \right.$$
$$\left. \frac{\sqrt{2}\sigma_{\phi_1^{DOR}}}{2\pi} \right| < \frac{1}{2} \tag{6-15}$$

利用三角不等式 $|a+b+c|<|a|+|b|+|c|$,且注意到上述各项条件实现的难易程度不同,因此满足下面三个不等式是满足上述不等式的充分条件,即有:

$$\left| (f_{1U}^{DOR} - f_{1L}^{DOR}) \cdot \Delta\Delta\Delta\tau_{geo}^{x} \right| < \frac{1}{3} \Rightarrow \left| \Delta\Delta\Delta\tau_{geo}^{x} \right| <$$

$$\frac{1}{3(f_{1U}^{DOR} - f_{1L}^{DOR})} \approx 41.7\text{ns} \tag{6-16}$$

$$\left| -k\Delta\Delta D(t)\left(\frac{1}{f_{1U}^{DOR}} - \frac{1}{f_{1L}^{DOR}} \right) \right| < \frac{1}{12}$$

$$\Rightarrow \Delta\Delta D(t) < \frac{1}{12k} \frac{f_{1U}^{DOR} \cdot f_{1L}^{DOR}}{f_{1U}^{DOR} - f_{1L}^{DOR}} \approx 5.4 \times 10^{18} \text{ 电子 /m}^2$$

$$= 540\text{TECU} \tag{6-17}$$

$$\left| \frac{\sqrt{2}\sigma_{\phi_1^{DOR}}}{2\pi} \right| < \frac{1}{12} \Rightarrow \sigma_{\phi_1^{DOR}} < \frac{\pi}{6\sqrt{2}} \approx 21.2° \tag{6-18}$$

式(6-16)~式(6-18)即为解 8MHz 群延迟相位整周模糊的数学条件。

6.2.3.2 解 40MHz 群延迟相位整周模糊

频率为 40MHz 的宽巷信号,由 20MHz DOR 侧音调制 X 频段载波形成的上下边带副载波形成,即:

$$f_2^{DOR} = f_{2U}^{DOR} - f_{2L}^{DOR} = 8498 - 8458 = 40\text{MHz} \tag{6-19}$$

式(6-11)减式(6-7),有:

$$\Delta\Delta\phi_{2U}^{DOR} - \Delta\Delta\phi_{2L}^{DOR} = 2\pi(f_{2U}^{DOR} - f_{2L}^{DOR}) \cdot \Delta\Delta\Delta\tau_{geo}^{x} -$$

$$2\pi k\Delta\Delta D(t)\left(\frac{1}{f_{2U}^{DOR}} - \frac{1}{f_{2L}^{DOR}} \right) -$$

$$2\pi(\Delta\Delta N_{2U}^{DOR} - \Delta\Delta N_{2L}^{DOR}) + \sqrt{2}\sigma_{\phi_2^{DOR}} \tag{6-20}$$

将式(6-20)变换,有:

$$\Rightarrow \frac{\Delta\Delta\phi_{2U}^{DOR} - \Delta\Delta\phi_{2L}^{DOR}}{2\pi(f_{2U}^{DOR} - f_{2L}^{DOR})}$$

$$= \Delta\Delta\Delta\tau_{geo}^{x} - \frac{k\Delta\Delta D(t)}{f_{2U}^{DOR} - f_{2L}^{DOR}}\left(\frac{1}{f_{2U}^{DOR}} - \frac{1}{f_{2L}^{DOR}} \right) -$$

$$\frac{\Delta\Delta N_{2U}^{DOR} - \Delta\Delta N_{2L}^{DOR}}{f_{2U}^{DOR} - f_{2L}^{DOR}} + \frac{\sqrt{2}\sigma_{\phi_2^{DOR}}}{2\pi(f_{2U}^{DOR} - f_{2L}^{DOR})} \tag{6-21}$$

同理,对式(6-13)进行相同的变换,有:

$$\frac{\Delta\Delta\phi_{1U}^{DOR}-\Delta\Delta\phi_{1L}^{DOR}}{2\pi(f_{1U}^{DOR}-f_{1L}^{DOR})}$$

$$=\Delta\Delta\Delta\tau_{geo}^{x}-\frac{k\Delta\Delta D(t)}{f_{1U}^{DOR}-f_{1L}^{DOR}}\left(\frac{1}{f_{1U}^{DOR}}-\frac{1}{f_{1L}^{DOR}}\right)-$$

$$\frac{\Delta\Delta N_{1U}^{DOR}-\Delta\Delta N_{1L}^{DOR}}{f_{1U}^{DOR}-f_{1L}^{DOR}}+\frac{\sqrt{2}\sigma_{\phi_1^{DOR}}}{f_{1U}^{DOR}-f_{1L}^{DOR}} \tag{6-22}$$

式(6-21)减式(6-22),有

$$\frac{\Delta\Delta\phi_{2U}^{DOR}-\Delta\Delta\phi_{2L}^{DOR}}{2\pi(f_{2U}^{DOR}-f_{2L}^{DOR})}-\frac{\Delta\Delta\phi_{1U}^{DOR}-\Delta\Delta\phi_{1L}^{DOR}}{2\pi(f_{1U}^{DOR}-f_{1L}^{DOR})}$$

$$=\left(\frac{k\Delta\Delta D(t)}{f_{2U}^{DOR}f_{2L}^{DOR}}-\frac{k\Delta\Delta D(t)}{f_{1U}^{DOR}f_{1L}^{DOR}}\right)-\frac{\Delta\Delta N_{2U}^{DOR}-\Delta\Delta N_{2L}^{DOR}}{f_{2U}^{DOR}-f_{2L}^{DOR}}+$$

$$\frac{\Delta\Delta N_{1U}^{DOR}-\Delta\Delta N_{1L}^{DOR}}{f_{1U}^{DOR}-f_{1L}^{DOR}}+\frac{\sqrt{2}\sigma_{\phi_2^{DOR}}}{2\pi(f_{2U}^{DOR}-f_{2L}^{DOR})}-\frac{\sqrt{2}\sigma_{\phi_1^{DOR}}}{2\pi(f_{1U}^{DOR}-f_{1L}^{DOR})} \tag{6-23}$$

将第二级差分群延迟的整周模糊 $\Delta\Delta N_{2U}^{DOR}-\Delta\Delta N_{2L}^{DOR}$ 变换到等式左边,并作简化,有:

$$\Delta\Delta N_{2U}^{DOR}-\Delta\Delta N_{2L}^{DOR}=-\frac{\Delta\Delta\phi_{2U}^{DOR}-\Delta\Delta\phi_{2L}^{DOR}}{2\pi}+\frac{f_{2U}^{DOR}-f_{2L}^{DOR}}{f_{1U}^{DOR}-f_{1L}^{DOR}}\times$$

$$\left[\frac{\Delta\Delta\phi_{1U}^{DOR}-\Delta\Delta\phi_{1L}^{DOR}}{2\pi}+(\Delta\Delta N_{1U}^{DOR}-\Delta\Delta N_{1L}^{DOR})\right]-$$

$$k\Delta\Delta D(t)\frac{(f_{1U}^{DOR}f_{1L}^{DOR}-f_{2U}^{DOR}f_{2L}^{DOR})(f_{2U}^{DOR}-f_{2L}^{DOR})}{f_{1U}^{DOR}f_{1L}^{DOR}f_{2U}^{DOR}f_{2L}^{DOR}}+$$

$$\frac{\sqrt{2}\sigma_{\phi_2^{DOR}}}{2\pi}-\frac{f_{2U}^{DOR}-f_{2L}^{DOR}}{f_{1U}^{DOR}-f_{1L}^{DOR}}\frac{\sqrt{2}\sigma_{\phi_1^{DOR}}}{2\pi} \tag{6-24}$$

式(6-24)中右端各项均为测量值及第一次解模糊的结果,均为已知值。因此即要保证第三、四项满足解模糊条件:

$$\left|k\Delta\Delta D(t)\frac{(f_{1U}^{DOR}f_{1L}^{DOR}-f_{2U}^{DOR}f_{2L}^{DOR})(f_{2U}^{DOR}-f_{2L}^{DOR})}{f_{1U}^{DOR}f_{1L}^{DOR}f_{2U}^{DOR}f_{2L}^{DOR}}+\frac{\sqrt{2}\sigma_{\phi_2^{DOR}}}{2\pi}-\frac{f_{2U}^{DOR}-f_{2L}^{DOR}}{f_{1U}^{DOR}-f_{1L}^{DOR}}\frac{\sqrt{2}\sigma_{\phi_1^{DOR}}}{2\pi}\right|<\frac{1}{2} \tag{6-25}$$

对于式(6-25)第一项，有：

$$\frac{(f_{1U}^{DOR}f_{1L}^{DOR}-f_{2U}^{DOR}f_{2L}^{DOR})(f_{2U}^{DOR}-f_{2L}^{DOR})}{f_{1U}^{DOR}f_{1L}^{DOR}f_{2U}^{DOR}f_{2L}^{DOR}}$$

$$=\frac{(8474\times8482-8458\times8498)(8498-8458)}{8474\times8482\times8458\times8498\times10^6}\approx10^{-18}$$

考虑到 k 的量级约为 10^{-7}，$\Delta\Delta D(t)$ 的量级约为 10^{19}，则有：

$$\left|k\Delta\Delta D(t)\frac{(f_{1U}^{DOR}f_{1L}^{DOR}-f_{2U}^{DOR}f_{2L}^{DOR})(f_{2U}^{DOR}-f_{2L}^{DOR})}{f_{1U}^{DOR}f_{1L}^{DOR}f_{2U}^{DOR}f_{2L}^{DOR}}\right|\approx10^{-6}$$

因此这一项是可以忽略的，式(6-25)可简化为

$$\left|\frac{\sqrt{2}\sigma_{\phi_2^{DOR}}}{2\pi}-\frac{f_{2U}^{DOR}-f_{2L}^{DOR}}{f_{1U}^{DOR}-f_{1L}^{DOR}}\frac{\sqrt{2}\sigma_{\phi_1^{DOR}}}{2\pi}\right|<\frac{1}{2} \tag{6-26}$$

考虑到 $\sigma_{\phi_2^{DOR}}$、$\sigma_{\phi_1^{DOR}}$ 均为误差项，式(6-26)可变换为

$$\sqrt{\left(\frac{\sqrt{2}\sigma_{\phi_2^{DOR}}}{2\pi}\right)^2+\frac{(f_{2U}^{DOR}-f_{2L}^{DOR})^2}{(f_{1U}^{DOR}-f_{1L}^{DOR})^2}\left(\frac{\sqrt{2}\sigma_{\phi_1^{DOR}}}{2\pi}\right)^2}<\frac{1}{2} \tag{6-27}$$

取 $\sigma_{\phi_2^{DOR}}=\sigma_{\phi_1^{DOR}}$，则有：

$$\sigma_{\phi_1^{DOR}}<\frac{\pi}{2}\bigg/\sqrt{1+\frac{(f_{2U}^{DOR}-f_{2L}^{DOR})^2}{(f_{1U}^{DOR}-f_{1L}^{DOR})^2}}\approx24.9° \tag{6-28}$$

式(6-28)为解 40MHz 群延迟相位整周模糊的数学条件。

6.2.3.3 解 2.3GHz 载波相位延迟整周模糊

由式(6-6)有：

$$\frac{\Delta\Delta\phi_s(t)}{2\pi f_s}=\Delta\Delta\Delta\tau_{geo}^s-\frac{k\Delta\Delta D(t)}{f_s^2}-\frac{\Delta\Delta N_s}{f_s}+\frac{\sigma_{\phi_s}}{2\pi f_s} \tag{6-29}$$

式(6-29)减式(6-21)有：

$$\frac{\Delta\Delta\phi_s(t)}{2\pi f_s}-\frac{\Delta\Delta\phi_{2U}^{DOR}-\Delta\Delta\phi_{2L}^{DOR}}{2\pi(f_{2U}^{DOR}-f_{2L}^{DOR})}=(\Delta\Delta\Delta\tau_{geo}^s-\Delta\Delta\Delta\tau_{geo}^x)-$$

$$\left(\frac{k\Delta\Delta D(t)}{f_s^2}+\frac{k\Delta\Delta D(t)}{f_{2U}^{DOR}f_{2L}^{DOR}}\right)-$$

$$\frac{\Delta\Delta N_s}{f_s}+\frac{\Delta\Delta N_{2U}^{DOR}-\Delta\Delta N_{2L}^{DOR}}{f_{2U}^{DOR}-f_{2L}^{DOR}}+$$

$$\frac{\sigma_{\phi_s}}{2\pi f_s}-\frac{\sqrt{2}\sigma_{\phi_2^{DOR}}}{2\pi(f_{2U}^{DOR}-f_{2L}^{DOR})} \tag{6-30}$$

将整周模糊移至等式左端,变换有:

$$\Delta\Delta N_s = -\frac{\Delta\Delta\phi_s(t)}{2\pi} + \frac{f_s}{f_{2U}^{DOR} - f_{2L}^{DOR}}\left[\frac{\Delta\Delta\phi_{2U}^{DOR} - \Delta\Delta\phi_{2L}^{DOR}}{2\pi} + \right.$$

$$\left.\Delta\Delta N_{2U}^{DOR} - \Delta\Delta N_{2L}^{DOR}\right] - k\Delta\Delta D(t)\frac{f_s^2 + f_{2U}^{DOR}f_{2L}^{DOR}}{f_s f_{2U}^{DOR}f_{2L}^{DOR}} +$$

$$f_s(\Delta\Delta\Delta\tau_{geo}^s - \Delta\Delta\Delta\tau_{geo}^x) + \frac{\sigma_{\phi_s}}{2\pi} - \frac{\sqrt{2}\sigma_{\phi_2^{DOR}}f_s}{2\pi(f_{2U}^{DOR} - f_{2L}^{DOR})} \quad (6\text{-}31)$$

根据解模糊条件,有:

$$\left|-k\Delta\Delta D(t)\frac{f_s^2 + f_{2U}^{DOR}f_{2L}^{DOR}}{f_s f_{2U}^{DOR}f_{2L}^{DOR}} + \frac{\sigma_{\phi_s}}{2\pi} - \frac{\sqrt{2}\sigma_{\phi_2^{DOR}}f_s}{2\pi(f_{2U}^{DOR} - f_{2L}^{DOR})}\right| < \frac{1}{2}$$

$$(6\text{-}32)$$

即分别有:

$$\left|k\Delta\Delta D(t)\frac{f_s^2 + f_{2U}^{DOR}f_{2L}^{DOR}}{f_s f_{2U}^{DOR}f_{2L}^{DOR}}\right| < \frac{1}{18}$$

$$\Rightarrow \Delta\Delta D < \frac{1}{18k}\frac{f_s f_{2U}^{DOR}f_{2L}^{DOR}}{f_s^2 + f_{2U}^{DOR}f_{2L}^{DOR}} \approx 8.7 \times 10^{14} \text{电子}/\text{m}^2$$

$$= 0.087\text{TECU} \quad (6\text{-}33)$$

$$\left|\frac{\sigma_{\phi_s}}{2\pi} - \frac{\sqrt{2}\sigma_{\phi_2^{DOR}}f_s}{2\pi(f_{2U}^{DOR} - f_{2L}^{DOR})}\right| < \frac{4}{9}$$

$$\Rightarrow \sqrt{(\sigma_{\phi_s})^2 + (\sigma_{\phi_2^{DOR}})^2\frac{2f_s^2}{(f_{2U}^{DOR} - f_{2L}^{DOR})^2}} < \frac{8\pi}{9} \quad (6\text{-}34)$$

取 $\sigma_{\phi_s} = \sigma_{\phi_2^{DOR}}$,则有:

$$\sigma_{\phi_2^{DOR}} < \frac{8\pi}{9}\bigg/\sqrt{1 + \frac{2f_s^2}{(f_{2U}^{DOR} - f_{2L}^{DOR})^2}} \approx 2.01° \quad (6\text{-}35)$$

式(6-33)、式(6-35)为解 S 频段载波相位延迟相位整周模糊的数学条件。

6.2.3.4 解 X 频段载波相位延迟整周模糊

由式(6-9),有:

$$\frac{\Delta\Delta\phi_x(t)}{2\pi f_x} = \Delta\Delta\Delta\tau_{geo}^x - k\frac{\Delta\Delta D(t)}{f_x^2} - \frac{\Delta\Delta N_x}{f_x} + \frac{\sigma_{\phi_x}}{2\pi f_x} \quad (6\text{-}36)$$

式(6-36)减式(6-29)，有：

$$\frac{\Delta\Delta\phi_x(t)}{2\pi f_x} - \frac{\Delta\Delta\phi_s(t)}{2\pi f_s} = \Delta\Delta\Delta\tau_{geo}^x - \Delta\Delta\Delta\tau_{geo}^s - k\Delta\Delta D(t)\left(\frac{1}{f_x^2} - \frac{1}{f_s^2}\right) -$$

$$\frac{\Delta\Delta N_x}{f_x} + \frac{\Delta\Delta N_s}{f_s} + \frac{\sigma_{\phi_x}}{2\pi f_x} - \frac{\sigma_{\phi_s}}{2\pi f_s} \tag{6-37}$$

将整周模糊移至等式左端：

$$\Delta\Delta N_x = -\frac{\Delta\Delta\phi_x(t)}{2\pi} + \frac{f_x}{f_s}\left[\frac{\Delta\Delta\phi_s(t)}{2\pi} + \Delta\Delta N_s\right] +$$

$$f_x(\Delta\Delta\Delta\tau_{geo}^x - \Delta\Delta\Delta\tau_{geo}^s) - k\Delta\Delta D(t)\frac{f_s^2 - f_x^2}{f_x f_s^2} +$$

$$\frac{\sigma_{\phi_x}}{2\pi} - \frac{\sigma_{\phi_s}f_x}{2\pi f_s} \tag{6-38}$$

根据解模糊条件，有：

$$\left|-k\Delta\Delta D(t)\frac{f_s^2 - f_x^2}{f_x f_s^2} + \frac{\sigma_{\phi_x}}{2\pi} - \frac{\sigma_{\phi_s}f_x}{2\pi f_s}\right| < \frac{1}{2} \tag{6-39}$$

即分别有：

$$\left|-k\Delta\Delta D(t)\frac{f_s^2 - f_x^2}{f_x f_s^2}\right| < \frac{1}{3}$$

$$\Rightarrow \Delta\Delta D(t) < \frac{1}{3k}\frac{f_x f_s^2}{f_x^2 - f_s^2} \approx 1.5 \times 10^{15} \text{ 电子 /m}^2$$

$$= 0.15\text{TECU} \tag{6-40}$$

$$\left|\frac{\sigma_{\phi_x}}{2\pi} - \frac{\sigma_{\phi_s}f_x}{2\pi f_s}\right| < \frac{1}{6}$$

$$\Rightarrow \sqrt{(\sigma_{\phi_x})^2 + (\sigma_{\phi_s})^2\left(\frac{f_x}{f_s}\right)^2} < \frac{\pi}{3} \tag{6-41}$$

取 $\sigma_{\phi_x} = \sigma_{\phi_s}$，则有：

$$\sigma_{\phi_x} < \frac{\pi}{3}\Big/\sqrt{1 + \left(\frac{f_x}{f_s}\right)^2} \approx 15.3° \tag{6-42}$$

式(6-40)、式(6-42)即为解 X 频段载波相位延迟相位整周模糊的数学条件。

6.3 SBI 测量精度分析模型

SBI 观测量主要受到系统噪声、电离层、对流层以及设备相位漂移、晶振漂移等因素影响，这些误差可用如下模型分析。

6.3.1 系统噪声

接收的信号包含航天器的信号和地面接收机产生的与系统运行温度成比例的噪声，系统噪声误差取决于接收信号功率与噪声功率的比值。在更长的时间段内进行平均，功率信噪比(SNRv)会更高。由系统噪声引起的 SBI 相位误差由式(6-43)给出[6]：

$$\sigma_{\Delta\rho} = \frac{\lambda_1}{2\pi\sqrt{(P_c/N_0)_1 T_1}} + \frac{\lambda_2}{2\pi\sqrt{(P_c/N_0)_2 T_2}} \tag{6-43}$$

其中，λ_1、λ_2 分别为航天器 1 载波信号和航天器 2 载波信号的波长(单位：mm)；$(P_c/N_0)_1$ 为航天器 1 载波信号的信噪谱密度比，$(P_c/N_0)_2$ 为航天器 2 载波信号的信噪谱密度比；T_1、T_2 分别为航天器 1 载波信号和航天器 2 载波信号的积分时间。

6.3.2 电离层

对电离层校正可由 GPS 测量提供。在 X 频段，校正后的地球电离层延迟误差映射在任意视线方向上约为 30mm。对相邻视线的差分延迟误差由式(6-44)给出[1]：

$$\varepsilon_d = 30 \times \Delta\theta \times F \times \sqrt{2} \tag{6-44}$$

其中，$\Delta\theta$ 是航天器间分离角度(弧度)，F 是相对于 $\Delta\theta$ 方向的角度的映射函数的导数因子，因子 $\sqrt{2}$ 的引入是因为在两个站的误差相互独立。映射函数表示电离层校正中最大的误差，在 SBI 所需的小分离角情况下并不能精确获知。用于 GPS 校正的映射函数导数的最大值(分离角在俯仰方向上)为 3.5/rad，其保守估计值可以为 5/rad。

6.3.3 对流层

对流层误差由式(6-45)给出[1]：

$$\varepsilon_d = \sqrt{2} \times \Delta\theta \times 40 \times \cos(E)/\sin^2(E) \tag{6-45}$$

其中，E 为俯仰角，$\Delta\theta$ 为两航天器俯仰角的差，对流层延迟误差对应在低仰

角 $(1/\sin E)$ 的值是 40mm。因子 $\sqrt{2}$ 表示两个站的误差相互独立。

6.3.4 相位漂移

SBI 观测量是由从两航天器发射并在两地面站接收的正弦信号双差分测量相位得到的。地面接收机引入相位漂移，该漂移取决于多普勒信号频率，因而通常对每个站和每个航天器是各不相同的。发散误差由式（6-46）近似给出[1]：

$$\varepsilon_d = 0.5 \times \sqrt{2\lambda_1^2 + 2\lambda_2^2}/360 \qquad (6\text{-}46)$$

其中，0.5（单位：度）代表接收机系统中的相位漂移，λ_1、λ_2 分别为航天器 1 载波信号和航天器 2 载波信号的波长（单位：mm）。相位漂移的影响可以通过更好的测量设备或非常靠近的航天器频率来减小。

6.3.5 晶振漂移

两航天器发射频率间的未知偏差引起的误差由式（6-47）给出[1]：

$$\varepsilon_d = c\tau \times \Delta f/f \qquad (6\text{-}47)$$

其中，c 为光速，τ 是两站在接收时间上的差（这里假设是 10ms），f 是各航天器发射机的额定频率，Δf 是未知的发射机频率偏差。对于双向传送，两个航天器使用由独立的频率标准产生的不同的上行链路，对 $\Delta f/f$ 的估计由测站时钟速率标校的期望精度（5×10^{-14}）提供。对于单向传送，径向多普勒测量用来估计星上晶振额定频率的修正。晶振频率精度可以根据跟踪覆盖和晶振稳定度来估计。对于单向传送，$\Delta f/f$ 的估计精度为 2×10^{-12}。

6.3.6 基线误差

由于角度测量是从两地面站接收的时间信息中推导出来的，所以站址误差和地球地极指向误差都会影响 SBI 测量数据。必须监视地球地极指向和地球转速的随机变化，以保证这些测量量中信息的质量。在 JPL，目前实时数据分析中地球指向信息的精度维持在 30cm。分析以前的数据，地球指向误差小于 50mm。如果需要的话，实时分析中地球指向的精度可以提高，如果在未来几年可以使用来自 GPS 的数据，精度有望达到 5cm 水平。已经通过 VLBI 和卫星激光测距确定了 DSN 站的站址，精度优于 5cm。总的来说，70mm 可以代表由站址和地球指向误差引起的基线误差。SBI 误差由下式给出[1]：

$$\varepsilon_d = 70\text{mm} \times \Delta\theta \qquad (6\text{-}48)$$

6.3.7 地面站测量

在地面站测量设备中，未校准的群时延或时钟偏差引起下面形式的相位延迟误差[1]：

$$\varepsilon_d = (\dot{\rho}_1 - \dot{\rho}_2) \times \delta_\tau^I \tag{6-49}$$

其中，$\dot{\rho}_i$ 是地面站与航天器 i 之间的径向距离率（单位：mm/s），δ_τ^I 是未校准的测量设备延迟（单位：s）。此项误差在接收信号期间随多普勒漂移的变化而慢变。

6.3.8 太阳等离子体

两航天器信号分别穿越太阳等离子体时引起的相位闪烁误差为[7]

$$\varepsilon_\tau = c \times \sqrt{\frac{1.8 \times 10^7}{f_{c1}^2 \sin(\gamma_{SEP1})^{1.3}} \cdot \left(\frac{B_p}{V_{SW}}\right)^{0.75}} +$$

$$\sqrt{\frac{1.8 \times 10^7}{f_{c2}^2 \sin(\gamma_{SEP2})^{1.3}} \cdot \left(\frac{B_p}{V_{SW}}\right)^{0.75}} \tag{6-50}$$

其中，f_{c1}、f_{c2} 分别为航天器 1 载波信号和航天器 2 载波信号的频率（单位：Hz）；γ_{SEP1}、γ_{SEP2} 分别为两航天器与地球、太阳的夹角；B_p 为基线投影长度；V_{SW} 为太阳等离子体的飞行速度。

6.4 同波束干涉测量技术与其他技术的比较

6.4.1 同波束干涉测量技术与传统测距技术、ΔDOR 技术的比较

传统测距与 SBI 各有各的好处。多普勒＋测距模式的好处是一次只需要地球上的一个测站，但是要求目标上装有应答机，并且只能以双向模式工作。

而 SBI 只要求使用单向载波信号，因此不要求目标的无线电设备很复杂，哪怕是一个低功率的信标都可以。此外，利用 SBI 数据本身所具有的高精度特性可以通过很短的数据弧段快速准确地确定目标的位置。

ΔDOR 技术测量卫星的差分单向距离，并将其与角位置接近的射电星的干涉延迟比较，以校准站间钟差及其他公共的模型误差。ΔDOR 技术测量的是调制到下行载波上的侧音信号以确定群延迟，其精度为相应于扩展带宽波长的几分之一。对于 X 波段 ΔDOR 测量 40MHz 扩展带宽，这个波长为 7.5m。SBI 测量的一个优势在于，相比于对于 ΔDOR 航天器-射电星的角度分离（典型值为 10°或 175mrad），SBI 测量的两目标航天器的角度分

离要小得多(大约为毫弧度的几分之一),很多模型误差都与这个角度的大小成比例。另外一方面,SBI 测量能够将相位延迟精度确定在载波波长的几分之一,这一波长在 X 波段为 3.6cm。小的角度分离以及测量相位延迟而不是群延迟使得 SBI 的测量精度要大大高于 ΔDOR,理论上 X 波段 SBI 的测量精度为 0.2mm,而传统 X 波段 ΔDOR 的测量精度仅为 14cm。

在操作上,相比于传统的航天器干涉测量,SBI 也具有明显的优势:由于没有射电星,不需要将天线指向偏离航天器,就不会像 ΔDOR 一样影响航天器遥测;没有射电星类似白噪声的开环信号,省去了在数据处理中再进行互相关这一步;专门设计的接收机可以实时提取相位信息,相位测量可以像传统的多普勒频移测量一样进行。

6.4.2 同波束干涉测量观测量与其他数据的联合定位导航精度比较

1) 轨道器-轨道器 SBI 与传统定位方式的精度比较

图 6-8 给出了美国"火星观测者号"探测器仅利用多普勒数据(a)和多普勒+SBI 数据(b)定位精度的比较[1],通过增加 SBI 数据,降低了定轨精度对力学模型不确定性的敏感性。

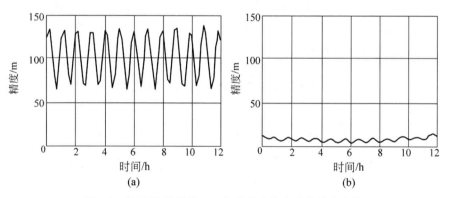

图 6-8 轨道器-轨道器 SBI 与传统定位方式的精度比较

2) 着陆器-巡视器 SBI 与传统定位方式的精度比较

图 6-9 给出了对于着陆器-巡视器情况下,仅利用 X 频段多普勒数据(a)和利用多普勒+SBI 数据(b)相对定位精度的比较,图(b)给出了载波频率分别为 S、X、Ka 情况下的结果[2]。SBI 提供了两个目标在天平面上直接的角度测量,因此起到了对径向多普勒数据的补充。两幅图中坐标系均为火星固连坐标系,z 轴为火星自转轴,x 轴为由火星质心垂直指向着陆器所在位置的经线,y 轴与 x、z 构成右手坐标系。

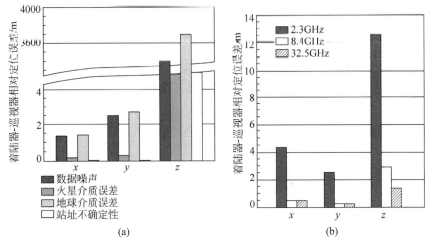

图 6-9 着陆器-巡视器 SBI 与传统定位方式的精度比较

6.5 SBI 测量的应用

SBI 技术在国外深空探测及行星际航天器导航中的应用以 JPL 为代表。在"阿波罗"16 号、17 号任务中,JPL 成功运用 SBI 技术确定了月球车相对于登月舱的月面运动轨迹,精度达到 20m[8]。

随后,JPL 利用 SBI 对月面仪器进行了大量观测,获得了高精度的科学数据。SBI 还被用于测定金星大气探空气球的三维运动[9-10]以及"麦哲伦号"和"先驱者 12 号"的联合定轨,在绕金星飞行期间,SBI 时延测量精度达到 14ps,SBI 与多普勒数据联合的定轨精度比仅仅使用多普勒数据定轨精度提高 4～18 倍[3,11]。此外,JPL 还开展了利用 SBI 对火星航天器导航的预先研究,结果表明,通过与多普勒径向信息结合,其最终的定位精度可以达到几十米量级的水平[2]。

JAXA 在 2007 年实施的"月亮女神号"任务中利用 SBI 技术对两颗子卫星进行了精密定轨,用于研究月球的低阶重力场。JAXA 利用多频 VLBI (multi-frequence VLBI)技术最终解决了 X 频段整周模糊问题,其相位延迟残差可以达到皮秒量级。其最终的定轨结果如表 6-2 所示[12-13]。

表 6-2 "月亮女神号"子卫星联合定轨结果   m

卫星/数据类型	径向	横向	法向	三维
Rstar(多普勒/测距)	3.96	8.78	103.14	103.59
Rstar(多普勒/SBI)	2.73	5.61	13.44	14.82

续表

卫星/数据类型	径向	横向	法向	三维
Vstar(多普勒/测距)	2.55	23.00	229.56	230.72
Vstar(多普勒/SBI)	1.30	5.74	8.01	9.94

2007年上海天文台组织上海佘山站和乌鲁木齐南山站对日本"月亮女神号"任务进行了几十小时的观测,在我国首次进行了同波束干涉测量。随后,在2013年的"嫦娥三号"任务中,为了提高"嫦娥三号"探测器(着陆器和巡视器)的相对定位精度,上海天文台针对两器信标实际设置情况,设计了SBI观测方案。最终结果表明,利用1h左右的连续观测弧段的着陆器数传信号以及巡视器数传信号(或遥测信号),采用事后处理方式,得到了随机误差约1ps的差分相时延数据。利用此数据,把"嫦娥三号"探测器的相对定位精度提高至1m左右[14-15]。

参考文献

[1] FOLKNER W M,BORDER J S. Orbiter-orbiter and orbiter-lander tracking using same-beam interferometry[J]. TDA Progress Report,1990,109:355-363.

[2] KAHN R D,FOLKNER W M,EDWARDS C D,et al. Position determination of a lander and rover at Mars with Earth-based differential tracking[J]. TDA Progress Report 42,1992,108:279-293.

[3] BORDER J S,FOLKNER W M, KAHN R D,et al. Precise tracking of the Magellan and pioneer Venus orbiters by same-beam interferometry. Part 1:Data accuracy analysis[J]. TDA Progress Report 42,1992,110:1.

[4] LANYI G,BAGRI D S,BORDER J S. Angular position determination of spacecraft by radio interferometry[J]. Proceedings of the IEEE,2007,95(11):2193-2201.

[5] 郝万宏.月面目标同波束干涉测量技术及其解模糊方法研究[D].北京:北京跟踪与通信技术研究所,2010.

[6] KINMAN P W. Delta-differential one way ranging[J]. DSMS Telecommunications Link Design Handbook,2004,210.

[7] BORDER J S,KOUKOS J A. Technical characteristics and accuracy capabilities of delta differential one-way ranging (delta-DOR) as a spacecraft navigation tool[R]. CCSDS Report of the Proceedings of the RF and Modulation Subpanel 1E Meeting. German,1994.

[8] SALZBERG I. Tracking the Apollo lunar rover with interferometry techniques[J]. Proceedings of the IEEE,1973,61(9):1233-1236.

[9] SMITH J R,RAMOS R. Data acquisition for measuring the wind on Venus from

pioneer Venus[J]. IEEE Transactions on Geoscience and Remote Sensing,1980, GE-18(1): 126-130.

[10] PRESTON R A,HILDEBRAND C E,PURCELL G H,et al. Determination of Venus winds by ground-based radio tracking of the VEGA balloons[J]. Science, 1986,231(4744): 1414-1416.

[11] FOLKNER W M,BORDER J S,NANDI S,et al. Precise tracking of the Magellan and pioneer Venus orbiters by same-beam interferometry Part Ⅱ: Orbit determination analysis [J]. TDA Progress Report 42,1993,113: 22-36.

[12] KIKUCHI F,LIU Q H,HANADA H,et al. Picosecond accuracy VLBI of the two subsatellites of SELENE (KAGUYA) using multifrequency and same beam methods[J]. Radio Science,2016,44(2): 1-7.

[13] KONO Y. Precise three-dimensional positioning of spacecrafts by multi-frequency VLBI and Doppler measurements [D]. Japan: The Graduate University for Advanced Studies,2002.

[14] 郭丽,李金岭,童锋贤,等.同波束 VLBI 技术对嫦娥三号巡视器的高精度相对定位[J].武汉大学学报(信息科学版),2016,41(8): 1125-1130.

[15] 吴伟仁,刘庆会,黄勇,等."嫦娥3号"月面探测器同波束干涉测量系统的设计与实现[J].深空探测学报,2015,2(1): 9.

第7章

深空测控干涉测量技术未来发展

7.1　未来深空导航的精度需求

2013 年 9 月,美国 NASA 确认"旅行者 1 号"飞离太阳系,并利用 NRAO 所属的 VLBA 对其进行了观测,获得了"旅行者 1 号"目前最为精确的位置,其天平面测角精度优于毫角秒(mas)量级,相当于在距离地球 187 亿千米的距离上横向位置误差约 80 千米。获得这种高精度角度测量的方法就是相位参考干涉测量技术。

相位参考干涉测量技术是近年来深空导航无线电干涉测量领域兴起的一项新技术。无线电干涉测量用于深空航天器导航已有五十多年的历史,其基本原理就是利用两个相距很远的测站同时或交替接收航天器和参考源信号,经过互相关和差分处理得到两个目标的差分时延信息,然后根据观测几何计算航天器的天平面角位置[1]。要提高无线电干涉测量精度,一种最直接的方式就是提高差分时延测量精度。现阶段深空导航领域中使用最广泛的无线干涉测量技术为 ΔDOR[2]。该技术最早在 20 世纪 80 年代初由 JPL 提出,并利用"旅行者"1、2 号和"海盗号"航天器进行了试验,当时测角精度约为 100nrad[3-4]。它利用频率间隔很宽的 DOR 信标进行单向测距,等效于增大了航天器下行信号带宽,可以获得高精度的差分群时延[5]。目前,美国 NASA DSN 的 ΔDOR 测角精度已接近 1nrad[2]。该技术最大的局限在于需要特殊的 DOR 信标,增加了星上应答机设计复杂性,需要消耗额外的下行功率。实际任务中,由于星上功率有限,JPL 通常选择关闭航天器遥测信号,将所有下行功率用于发送 DOR 信标,以提高信标信噪比满足测量精度要求,由此容易造成测量与通信之间的冲突。另一方面,国际电信联盟分配给深空测控使用的频段范围有限,也限制了该技术进一步扩展信标带宽来提高测量精度。

相位参考干涉测量技术则着力于利用普通航天器下行信号解算差分相时延,利用差分相时延测量精度远高于差分群时延的特点来提高测角精度[6]。获得差分相时延最大的难题在于相位模糊度的求解。现有比较成功的一种方法是频率综合[7]。该技术借鉴 ΔDOR 的原理,通过发送多个下行测量信标,信标间的频率间隔满足一定的匹配要求,使之能够依次逐级求解各个信标间的相位模糊度,最终获得差分相时延。日本的"月亮女神"任务就是采用这种方法成功解出了两颗子卫星间的差分相时延,相对定轨精度提高到 10m 量级[7]。"嫦娥三号"任务中,为了测量巡视器与着陆器的相对位置,黄勇等提出运动学统计定位的方法,将相位模糊度视为定轨中的系统差,利用较长弧段的同波束干涉测量数据解算出了巡视器静止时的月面相对位置,精度达到1m,但尚不能对其运动时的位置进行实时跟踪[8-9]。

相位参考干涉测量技术源自射电天文中的干涉成图方法,它依靠基线间的长短指向配合,并利用地球自转效应,通过时域和空域相结合的方法解出相位模糊度[10-11]。NASA利用VLBA分别在2004年"勇气号""卡西尼号"、2008年"凤凰号"、2013年"火星奥德赛号"和火星勘察轨道器等几个航天器上开展了相位参考干涉测量试验[6,11-13]。欧洲航天局(European Space Agency,ESA)则在2011年利用欧洲VLBI观测网(European VLBI Network,EVN)对"金星快车"进行了定位试验,精度和VLBA相当[14]。这几次试验不仅充分验证了该技术在深空导航中应用的可行性,同时还证明该技术具有几个优点:①测量精度高,航天器与射电源角距测量精度优于0.5nrad,比DSN现有的ΔDOR测量精度更高;②不需要航天器具备特殊的信标,利用航天器下行载波信号就可以实现精确测量;③灵敏度高,可以观测很弱的航天器信号,或者利用更弱的、更靠近航天器的参考射电源,进一步减小系统误差;④需要多个天线观测,但允许单个(或少数几个)天线在故障或气象条件差的情况下不对整体测量性能造成太大影响,系统冗余性和鲁棒性强;⑤天线分布范围广,可以有效增加观测时间,方便制定观测计划,VLBA是一个近乎全天候的观测阵列[15]。表7-1对比了基于DSN的ΔDOR技术性能和基于VLBA的相位参考干涉测量技术性能。

表7-1 ΔDOR技术与相位参考干涉测量技术对比

技术	测角精度	信号要求	测站要求	参考源要求	交替观测周期	系统冗余性和鲁棒性
ΔDOR (DSN)	1~2nrad	下行信号需要具备DOR音	2~3个测站	角距小于10°,源亮度要求较高	5~10min	一个测站故障则无法进行测量,受气象条件影响很大
相位参考 (VLBA)	<1nrad	常规遥测下行信号,可以适应弱信号	多个测站,基线长短指向分布均匀	角距小于3°,可以利用更弱的源	<5min	一个测站故障或气象条件差对测量结果影响不大

VLBA作为NASA相位参考干涉测量试验的重要观测阵列,7.2节首先对其进行简单介绍,然后7.3节重点介绍相位参考干涉测量技术的基本原理,并分析两个重要观测参数的影响,7.4节综述国外相位参考干涉测量试验的进展,7.5节介绍我国开展该技术试验验证的软硬件资源和初步的试验结果,并进行总结讨论。

7.2 VLBA 简介

VLBA 是 NRAO 下属的观测阵列,由分布在美国本土的 10 个 25m 口径天线组成[15],通过位于新墨西哥州索科罗(Socorro)的阵列运行中心(Array Operations Center,AOC)进行控制。该阵列主要用于射电天文观测,测站的选址充分考虑了干涉成图所需的干涉基线长度和指向覆盖(即分布均匀的空间频率 UV 平面,如图 7-1 所示),基线长度由 237km 到 8600km 不等。基线的长短和指向分布极大地改进了 UV 平面的分辨率覆盖范围,满足目标结构高低分辨率的覆盖需求,使之能获得高质量的目标成图。

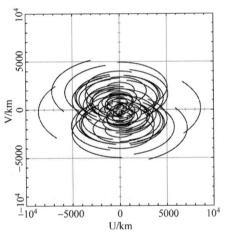

图 7-1 赤纬 30°下 VLBA 的 UV 平面

VLBA 每个天线配备的接收机可以处理横跨 300MHz~45GHz 的 9 个频段的数据,记录系统可以每天自动持续以 128Mb/s 的速率记录接收数据,数据率最大可以达到 512Mb/s,可以同时记录 4 个通道的中频信号[15]。每个测站都具有很强的数据采集能力,可以满足不同频段的观测需求,提供足够的带宽和信噪比。但由于传统的射电天文观测对实时性要求不高,VLBA 测站间并没有建立高速数据传输链路,因此多个 VLBA 测站无法实时将观测数据传送到相关处理中心,严重阻碍了 VLBA 参与支持 NASA 实际任务。

7.3 相位参考干涉测量基本原理

在无线电干涉测量中,两个测站接收信号的干涉结果为一正弦条纹,即 $r(t)=A(t)\cos\phi(t)$,$A(t)$ 为条纹幅度,与目标源亮度、传输损耗等相关,$\phi(t)$ 为条纹相位。要得到目标的完整信息一般采用复条纹[16],即:

$$R(t)=A(t)(\cos\phi(t)+\mathrm{i}\sin\phi(t))=A(t)\mathrm{e}^{\mathrm{i}\phi(t)} \tag{7-1}$$

假设理论时延模型对应的相位为 $\phi_\mathrm{m}(t)$,经过模型修正后的相位为 $\hat{\theta}(t)=\phi(t)-\phi_\mathrm{m}(t)$。考虑相位模糊度,$\hat{\theta}(t)$ 又可以表示成 $\hat{\theta}(t)=\theta(t)+2\pi N$,其中 N 为相位模糊度,$\theta(t)$ 为 $[0,2\pi)$ 范围内可测量的相位。因此相关处理后得到的条纹(又称"复可见度")可以表示为[12]

$$F(t)=V(t)\mathrm{e}^{\mathrm{i}\hat{\theta}(t)}=V(t)\mathrm{e}^{\mathrm{i}\theta(t)} \tag{7-2}$$

其中,$V(t)$ 为复可见度的幅度。对于角径大于一条基线角分辨率的目标源,由范氏(van Cittert-Zernike)定理可知(详细推导参见文献[17]),复可见度和目标源在天平面的亮度分布 $I(l,m)$ 成二维傅里叶变换关系:

$$I(l,m)=\iint F(u,v)S(u,v)\mathrm{e}^{-2\pi\mathrm{i}(ul+vm)}\mathrm{d}u\,\mathrm{d}v \tag{7-3}$$

其中,$S(u,v)$ 为复可见度在 UV 平面上的采样函数,即 UV 平面覆盖范围。射电天文成图就是利用多个天线测量 UV 平面上不同位置的复可见度数据,然后通过逆二维傅里叶变换获得目标的结构图像。这一过程又称为"综合孔径成图",其几何关系如图 7-2 所示。UV 平面是一个垂直于目标径向的平面,随着观测时间的变化,基线在该平面上的投影轨迹为一椭圆,反映了在不同时刻,基线在不同空间方向上的分辨率。基线投影越长,相当于 UV 平面覆盖范围越大,分辨率越高;各条基线投影在 UV 平面上覆盖越均匀,则综合孔径效果越好,综合波束旁瓣越低。

复可见度的幅度与目标源亮度信息在 UV 平面上的分布强度相关,复可见度的相位则与其分布位置相关[18],所以要确定目标源结构分量的位置需要精确的复可见度相位信息。另一方面,相位更容易受扰动,例如行星引力扰动、大气对流层和电离层扰动、设备链路扰动等,特别是当目标源很弱时,要得到稳定的干涉条纹很困难。解决这个问题的一种方法就是利用邻近的强源信号相位信息做参考,修正弱源信号的复可见度相位,从而获得弱源信号可靠的复可见度数据。利用该数据进行成图处理就能获得弱源的相位参考图。在做相位参考时,会残留两个源之间的相对位置信息,从最终得

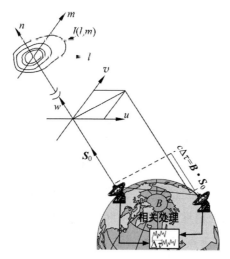

图 7-2　空间频率 UV 平面覆盖与源亮度分布的几何关系

到的目标相位参考图中可以反解出两个源的相对位置[19]。

　　利用相位参考干涉成图技术中这一特点,选择一颗较强的射电源作为相位参考源,对航天器进行成图。这一过程类似于普通射电源相位参考干涉成图[20]。假设采用交替观测方式,t_1 时刻观测射电源,t_2 时刻观测航天器,t_3 时刻再观测射电源,则射电源信号复可见度相位 $\theta_q(t)$ 和航天器信号复可见度相位 $\theta_s(t)$ 分别为

$$\theta_q(t_1) = \theta_q^{stru}(t_1) + \theta_q^{inst}(t_1) + \theta_q^{pos}(t_1) + \theta_q^{ant}(t_1) + \\ \theta_q^{atmo}(t_1) + \theta_q^{iono}(t_1) \tag{7-4}$$

$$\theta_s(t_2) = \theta_s^{stru}(t_2) + \theta_s^{inst}(t_2) + \theta_s^{pos}(t_2) + \theta_s^{ant}(t_2) + \\ \theta_s^{atmo}(t_2) + \theta_s^{iono}(t_2) \tag{7-5}$$

$$\theta_q(t_3) = \theta_q^{stru}(t_3) + \theta_q^{inst}(t_3) + \theta_q^{pos}(t_3) + \theta_q^{ant}(t_3) + \\ \theta_q^{atmo}(t_3) + \theta_q^{iono}(t_3) \tag{7-6}$$

其中,$\theta^{stru}(t)$ 反映了信号源的结构,同时还考虑了设备误差 $\theta^{inst}(t)$、源位置误差 $\theta^{pos}(t)$、天线位置误差 $\theta^{ant}(t)$、大气误差 $\theta^{atmo}(t)$ 和空间电离层误差 $\theta^{iono}(t)$。利用 t_1、t_3 时刻的射电源信号复可见度相位对射电源信号在 t_2 时刻的相位进行插值估计:

$$\tilde{\theta}_q(t_2) = \tilde{\theta}_q^{stru}(t_2) + \tilde{\theta}_q^{inst}(t_2) + \tilde{\theta}_q^{pos}(t_2) + \\ \tilde{\theta}_q^{ant}(t_2) + \tilde{\theta}_q^{atmo}(t_2) + \tilde{\theta}_q^{iono}(t_2) \tag{7-7}$$

将 t_2 时刻航天器信号的相位观测值和射电源信号的相位估计值做差分,得到:

$$\Delta\theta = \theta_s - \tilde{\theta}_q$$
$$= (\theta_s^{stru} - \tilde{\theta}_q^{stru}) + (\theta_s^{inst} - \tilde{\theta}_q^{inst}) +$$
$$(\theta_s^{pos} - \tilde{\theta}_q^{pos}) + (\theta_s^{ant} - \tilde{\theta}_q^{ant}) +$$
$$(\theta_s^{atmo} - \tilde{\theta}_q^{atmo}) + (\theta_s^{iono} - \tilde{\theta}_q^{iono}) \tag{7-8}$$

因为航天器与射电源角距很小,交替观测周期很短,可以有如下近似:①短时间内设备误差对航天器和射电源影响近似相同,即 $\theta_s^{inst} \approx \tilde{\theta}_q^{inst}$;②两个信号源距离很近,天线位置误差引起的相位误差近似相等,即 $\theta_s^{ant} \approx \tilde{\theta}_q^{ant}$;③两个信号传播路径相近,传播介质误差近似相等,即 $\theta_s^{atmo} \approx \tilde{\theta}_q^{atmo}$、$\theta_s^{iono} \approx \tilde{\theta}_q^{iono}$;④航天器可视为点源,即航天器结构相位 $\theta_s^{stru} = 0$。考虑到还存在插值误差 $\delta\theta$,式(7-8)可以简化为

$$\theta_s - \tilde{\theta}_q = -\tilde{\theta}_q^{stru} + (\theta_s^{pos} - \tilde{\theta}_q^{pos}) + \delta\theta \tag{7-9}$$

所以最终得到的差分相位包含射电源的结构相位项和航天器与射电源相对位置引起的相位项。一般情况下,致密射电源结构相位可以视为 0。如果参考射电源不是致密源,就需要对其结构相位进行修正,消除 $\tilde{\theta}_q^{stru}$ 的影响。利用式(7-9)得到的相位信息对航天器干涉成图,就可以得到航天器的相位参考图。通过计算航天器的相位参考图的峰值与图像中心的偏移量 $(\delta x, \delta y)$(如图 7-3 所示),可以获得航天器与射电源的相对位置。从式(7-9)可知该偏移量由航天器和射电源的相对位置相位项($\theta_s^{pos} - \tilde{\theta}_q^{pos}$)造成。假设航天器先验模型位置和射电源先验模型位置引起的干涉条纹的相位变化分别为 $\phi_{s,m}^{pos}$ 和 $\tilde{\phi}_{q,m}^{pos}$,因为有:

$$\theta_s^{pos} - \tilde{\theta}_q^{pos} = \phi_s^{pos} - \phi_{s,m}^{pos} - (\tilde{\phi}_q^{pos} - \tilde{\phi}_{q,m}^{pos}) \tag{7-10}$$

所以偏移量 $(\delta x, \delta y)$ 最终和((航天器实际位置-航天器先验模型位置)-(射电源实际位置-射电源先验模型位置))等价[18]。$(\delta x, \delta y)$ 在天球面上的投影即航天器和射电源实际位置与先验模型位置的修正量,因此可以获得两个源的精确相对位置。

由于航天器信号可以视为点源,上述干涉成图方法又可以转化为一个最小二乘求解过程。

若忽略 $S(u,v)$ 为在 UV 平面上的重复采样点,即

$$S(u,v) = \sum_{i=1}^{M} \delta(u - u_i, v - v_i) \tag{7-11}$$

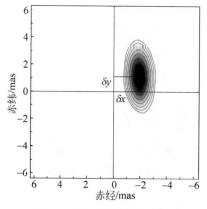

图 7-3　航天器的相位参考

又 $F(u,v)=Ve^{i\Delta\theta}$，则由式(7-3)可以得到：

$$I(l,m) = \sum_{\substack{u_i=u_1,u_2,\cdots,u_M \\ v_i=v_1,v_2,\cdots,v_M}} \mathrm{Re}(Ve^{-2\pi i(u_il+v_im-\Delta\theta_i/2\pi)}) \tag{7-12}$$

因为航天器可以视为点源，所以航天器干涉图像上理论上只会出现一个亮点，该亮点就是 $I(l,m)$ 的最大值。从式(7-12)可以看出，若当 $I(l,m)$ 在点 $(\Delta l,\Delta m)$ 处取最大值时，应满足：

$$u_i\Delta l + v_i\Delta m = \Delta\theta_i/2\pi + N_i \tag{7-13}$$

其中，N_i 为相位模糊度。从而可以建立起基线在 UV 平面上的投影矢量 (u_i,v_i)、航天器位置信息 $(\Delta l,\Delta m)$、差分相位测量值 $\Delta\theta_i$ 与相位模糊度 N_i 之间的线性方程，利用最小二乘方法对一段时间内的观测数据进行求解，就能解出相位模糊度，并推算出差分相时延。

上述推导过程详细阐述了相位参考干涉测量的基本原理。与 ΔDOR 技术的群时延时域差分不同，相位参考干涉测量依靠的是相位的时域差分。但要在实际观测中实现航天器与参考源信号间的相位差分，必须要保证两个目标源干涉相位的可连接性，即对同一个目标两个相邻弧段的观测相位之间不能存在整周模糊，即相位变化小于半个整周，如图 7-4 所示。这对相位参考干涉测量的观测条件带来了一定的要求，具体分析如下：

（1）交替观测周期

航天器和参考源的交替观测周期定义为相邻两次参考源观测弧段中间时刻的间隔。由于相位变化在短时间内的主要因素是大气扰动，包括对流层和电离层扰动，因此交替观测周期必须足够短才能保证参考源相邻两次观测中间的弧段内的相位变化值不会超过半个整周。根据大气对流层和电

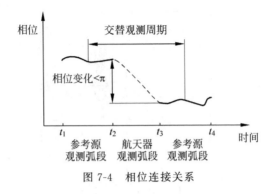

图 7-4 相位连接关系

离层模型计算，在 X 频段，交替观测周期需要小于 5min，即对航天器或参考源的一次观测持续时长约 2min（需要考虑天线转动时间）[21]。常规 ΔDOR 观测由于群时延受大气影响相对较小，交替观测间隔通常设为 10min。交替观测周期短对测站天线的转动速度、指向收敛控制提出了更高的要求。

（2）参考源角距

影响相位变化的另一个重要因素就是航天器与参考源的角距。当航天器与参考源信号传输路径差别越大时，大气对两路信号影响的差别就越大。同时为了兼顾两个目标的快速交替观测，参考源角距一般都要求小于 5°，而 ΔDOR 观测仅要求小于 10°[21]。这将加大参考源选择难度，减少可观测的弧段。

7.4 国外相位参考干涉测量技术研究进展

依托 VLBA 的十个大口径天线，JPL 最早开展了相位参考干涉测量的试验。2004 年在"勇气号"着陆火星前的 1 月 19 日、21 日和 23 日三天，JPL 利用 VLBA 对其进行了四次观测，这次试验的主要目的是分析相位参考干涉测量技术用于深空导航的可行性和精度水平。与此同时，DSN 也对"勇气号"开展 ΔDOR 测量，两者的结果正好可以进行对比。相位参考干涉测量数据的标校和处理过程与普通射电源相位参考干涉成图大致相同，最终得到的"勇气号"与参考射电源相对角位置精度约为 1nrad，而当时美国 DSN 对"勇气号"的 ΔDOR 测量精度约为 2.5nrad。两者的定轨误差椭圆见图 7-5[22]。图中，B 指 B 平面，其定义为：过目标天体中心并垂直于进入轨道的双曲线渐近线方向的平面。B 平面坐标系定义为：以目标天体中心为原点，S 轴为进入轨道渐近线方向，N 为目标天体赤道面法线方向，S 与

N 的矢量积为 T 轴(即图中 B.T),R 轴(即图中 B.R)由 S 轴与 T 轴按右手法则确定。这次试验充分表明相位参考干涉测量技术用于航天器导航的可行性,而且精度比 ΔDOR 测量更高。如果能够建立 VLBA 测站间的光纤数据传输网络,提高观测数据传输实时性,VLBA 的相位参考干涉测量数据完全可以取代 DSN 的 ΔDOR 测量数据,能极大地减缓 DSN 现在的观测压力。同时,试验结果还证明:航天器下行遥测信号完全满足干涉成图条件;如果观测频率提高到 33GHz,可以用更少的测站获得同等的测量精度。本次试验遇到的主要问题是航天器邻近 5°范围内的参考射电源太少,增大了测量误差。

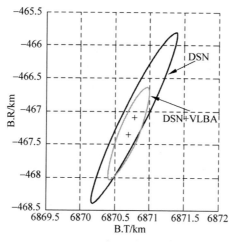

图 7-5 "勇气号"测量误差椭圆

2004 年 10 月在"卡西尼号"航天器前往土星的途中 JPL 又开展了 4 次 VLBA 观测试验[23-24],得到航天器与射电源的相对角位置精度优于 1nrad。本次试验还对减少测站数量和缩短观测时间两种情况作了分析,认为如果基线覆盖满足南北方向分辨率要求,可以适当减少长基线数据,原因在于尽管长基线分辨率高,但相位误差也大;另外采用短时间的观测数据也可以得到较为可靠的结果,可以用来快速得到航天器低精度的位置信息。2006 年至 2014 年,VLBA 又对入轨后的"卡西尼号"进行了 17 次观测,利用其精确的定轨结果获得了目前土星质心最精确的位置[25]。

2008 年 3 月至 5 月,JPL 在"凤凰号"航天器巡航段也开展了相位参考干涉测量试验,前后一共进行了 8 次观测。这次试验不仅开展了航天器-射电源交替观测试验,还开展了同波束干涉测量(same beam interferometry,SBI)[13]。试验选择了两个在火星环绕飞行的"火星奥德赛号"和火星勘察轨道器作为参考源,可以确定"凤凰号"与它们之间的相对位置,差分相时延测量精度达到皮秒量级,相当于测角精度约 0.2nrad,"凤凰号"航天器相对火星质心的定轨精度达到了 15m。VLBA 用于 SBI 测量的优势在于它的天线口径比 DSN 天线更小,相应的主波束宽度比 DSN 天线要宽,可以更早开展航天器间的 SBI 测量。"凤凰号"航天器的 DSN 测量结果和相位参考干涉测量结果的误差椭圆对比见图 7-6[11],可以看到相位参考干涉测量技术有效提高了航天器的位置精度。

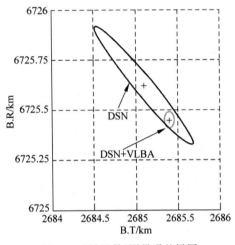

图 7-6 "凤凰号"测量误差椭圆

针对 2011 年的火星科学实验室(Mars science laboratory,MSL)任务和 2013 年的火星大气和挥发物演化探测(Mars atmosphere and volatile evolution,MAVEN)任务,JPL 也开展了相位参考干涉测量的仿真试验[11],同样采用"火星奥德赛号"和火星勘察轨道器两个航天器作为参考源对两个任务的航天器信号的干涉相位进行了修正,研究了几种测站数量减少情况下的测量结果,证明该技术可以在缺少 VLBA 最为重要的莫纳克亚站(Mauna Kea,加入该站可以获得最长基线)情况下还能改进 DSN 测量结果,进一步减小着陆散布。特别是在加入 VLBA 相位参考干涉测量后,可以提前 4 天把航天器的位置精度确定到 2km 左右,这对于风险极高的火星入轨段争取了宝贵的时间。仿真结果还表明加入 VLBA 测量值后,减少 DSN 观测时间不会对航天器定位精度产生明显影响。因此在后续几个火星任务中,例如 2016 年的"火星传送 Ⅱ 号"任务,JPL 认为可以利用 VLBA 观测来提高导航精度,改进轨道预测,在航天器机动后快速确定航天器精确位置。

随着最近 VLBA 几个重要测站间的数据传输带宽增大,准实时传输窄带宽、短弧段观测数据到相关处理中心成为可能。2013 年 9 月,JPL 和 NRAO 在"火星奥德赛号"和火星勘察轨道器两个火星环绕探测器上开展了第一次准实时相位参考干涉测量试验[26]。为减少观测数据量,每个目标的观测带宽降低至 1MHz。数据传输加处理总时延约 15min,内符合测量精度优于 0.3mas。

ESA 在 2011 年开展了对"金星快车"航天器的相位参考干涉测量试验,利用的是 EVN 的 9 个天线和 1 个 VLBA 天线[14]。这次试验与前几次都不一样,首先在设备上采用的不是统一的接收记录仪,天线口径有差别;其次观测参数也不同,但最终测量精度和 VLBA 测量精度相当。图 7-7 是航天器先验位置误差椭圆和相位参考干涉测量误差椭圆示意图,相位参考干涉测量精度较高,但两者存在一定的偏差,原因尚不清楚[14]。

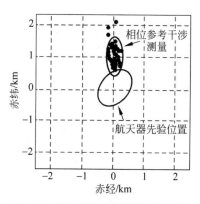

图 7-7 "金星快车"测量误差椭圆

国外开展的相位参考干涉测量试验有效验证了该技术用于深空导航的可行性和优势,奠定了该技术从理论试验向工程应用的发展基础。

7.5 中国开展相位参考干涉测量技术研究进展

我国已经开展了月球及火星探测任务,未来还将开展小行星探测任务。这些空间探测任务亟需高精度、高可靠的导航手段。我国一方面需要继续改进已有的 VLBI 测量系统,提高测量误差标校能力,另一方面也要积极研究新的测量手段。综合考虑我国现有软硬件条件,相位参考干涉测量技术是一个值得关注和研究的方向。

7.5.1 硬件基础

1）观测网

我国已经具有较为完整的中科院VLBI天文观测网，包括上海天文台天马站65m、佘山站25m、国家天文台密云站50m、云南天文台昆明站40m和乌鲁木齐天文台南山站25m五个天线。2013年我国喀什35m和佳木斯66m两个深空站也已建成投入运行，一共有七个大口径天线。其中最长基线为喀什深空站至佳木斯深空站，约4300km。上述测站的UV平面覆盖情况如图7-8所示，可以看到这几个测站的UV平面覆盖也比较均匀。

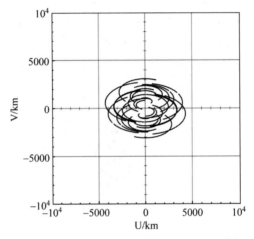

图7-8　赤纬30°下干涉测量网的UV平面覆盖图

在前几次"嫦娥"任务中，上述测站提供了非常好的无线电干涉测量支持，极大地提高了探测器的定轨精度。这些测站天线具有同时进行航天器与参考源交替无线电干涉测量的能力，而且都已建立高速数据传输链路，具备了开展实时相位参考干涉测量的观测基础。整个观测网的不足之处在于短基线比较少，基线长短配合不够好，对于短弧段观测数据，其干涉成图结果会产生较大的旁瓣干扰，降低相位模糊度求解正确性。

观测网规模越大，相位参考干涉测量效果越好。我国在南美阿根廷已建成一个新的深空站，而且还可以与ESA开展联合观测，这将进一步增加测站数量，有效提高相位参考干涉测量的精度和实时性，我国与ESA联网的干涉测量网的UV平面覆盖图如图7-9所示。

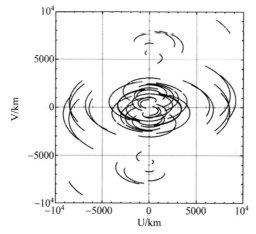

图 7-9 赤纬 30°下我国与 ESA 联网的干涉测量网的 UV 平面覆盖图

2）接收记录系统

我国观测网的天线都具备 S/X 双频段数据接收能力，数据采集单元均采用数字化基频转化器（DBBC），可以同时输入 2 路中频信号，每路最大输出通道为 8 个。对于射电源观测，基带信号带宽 1MHz、2MHz、4MHz、8MHz可选，量化比特数 1、2、4 可选；对于航天器信号，基带信号带宽最小 1kHz，最大 8MHz，量化比特数最大 16。数据记录单元最大可记录 16 路数据，单路最大记录速率可达 64Mb/s。数据输出格式兼容 VSI 和 VSR 标准。

7.5.2 软件基础

1）相关处理机

现有相关处理运算大部分都采用软件相关处理机。我国北京航天飞行控制中心、西安卫星测控中心和中科院上海天文台均部署有软件相关处理系统，最大能同时处理 20 个测站的数据，具备实时条纹搜索能力，相关处理滞后时间小于 1min[27-28]。此外，还可以利用国际开源软件 DiFX、SPICE等组合搭建相关处理系统[29]。

2）相关后处理

相位参考干涉测量可以通过干涉成图的方式获得航天器的角位置。干涉成图软件一般采用美国 NRAO 开发的天文成图处理系统（astronomical image processing system，AIPS）[30]和加州理工学院开发的 Difmap 软件[31]。AIPS 用来对相关处理后的数据进行幅度、相位、带通、电离层、视差等各种校准，Difmap 则利用校准后的数据进行成图。AIPS 所需的输入数据格式为灵活图像传输系统(flexible image transport system,FITS)[32]。

7.5.3 "嫦娥三号"相位参考干涉测量试验结果

基于我国软硬件基础,利用"嫦娥三号"开展了我国首次相位参考干涉测量试验,旨在检验我国干涉测量系统进行相位参考干涉测量的可行性和精度水平[33]。试验选择"嫦娥三号"巡视器作为目标源,着陆器为参考源,首先确定两者的天平面角位置偏差,然后计算出了巡视器相对着陆器的月面二维位置。"嫦娥三号"着陆器和巡视器着陆后一直发送 X 频段信号,两个目标距离足够近,满足同波束观测条件。我们选择了中科院 VLBI 天文观测网四个测站的数据进行处理。由于测站数量较少,需要较长弧段的观测数据才能得到可靠的巡视器相位参考图(如图 7-10 所示,此时巡视器位于着陆器右后方),或者利用最小二乘法解出相位模糊度。当巡视器在月面探测点停留静止时,它相对于着陆器的位置不变,可以认为这段时间内相位模糊度不变,方便了相位模糊度的求解。再利用巡视器停留点处的相位模糊度求解结果,可以根据差分相位变化对巡视器月面运动进行跟踪。图 7-11就是利用上述方法还原出的巡视器在 2013 年 12 月 14 日到 21 日的月面轨迹图,巡视器的精细运动清晰可见[34]。

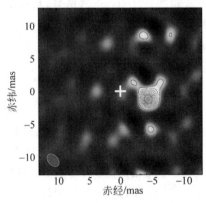

图 7-10　"嫦娥三号"巡视器相位参考干涉测量成图结果示例(后附彩图)

根据与视觉方法对比,巡视器相对定位精度优于 1m,等效于巡视器和着陆器相对角位置测量精度优于 0.5mas,差分相时延测量精度达到 10ps量级。通过此次试验有效验证了利用我国干涉测量网开展相位参考干涉测量的可行性和高精度,验证了我们建立的相位参考干涉测量模型的正确性,为该技术在我国后续月球及深空探测任务中的应用奠定了坚实的基础。

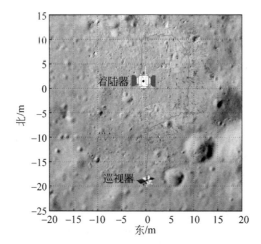

图 7-11　采用相位参考干涉测量技术还原的"嫦娥三号"巡视器
月面运动轨迹(后附彩图)

　　深空探测任务对导航测角精度的需求在不断提高,传统无线电干涉测量方法面临着越来越多的挑战,研究新的干涉测量技术至关重要。相位参考干涉测量技术不仅测量精度高,而且可以适应航天器普通下行信号,极大地简化了航天器上的设计,具有很广阔的应用前景。随着深空导航干涉测量领域逐渐开放,国际合作日趋加强,越来越多的测控资源可被利用,这些将进一步促进相位参考干涉测量技术从试验向应用转变。这也将有助于推进我国深空导航无线电干涉测量技术的发展,为未来深空探测任务提供更有力的支持。

参考文献

[1]　LANYI G,BAGRI D S,BORDER J S. Angular position determination of spacecraft by radio interferometry[J]. Proceedings of the IEEE,2007,95(11):2193-2201.

[2]　CURKENDALL D W,BORDER J S. Delta-DOR:The one-nanoradian navigation measurement system of the deep space network—History,architecture,and componentry[J]. International Journal of Molecular Sciences,2013,5(11):1.

[3]　BROWN D S,HILDEBRAND C E,SKJERVE L J. Wideband delta VLBI for deep space navigation [C]. Atlantic City,NJ:PLANS'80 -Position Location and Navigation Symposium,1980.

[4]　BORDER J S. Innovations in delta differential one-way range:From Viking to Mars science laboratory [C]//21st International Symposium on Space Flight

Dynamics,2009: 1.

[5] BORDER J S, LANYI G E, SHIN D K. Radiometric tracking for deep space navigation[J]. Advances in the Astronautical Sciences,2008,131.

[6] LANYI G E,BORDER J S,BENSON J,et al. Determination of angular separation between spacecraft and quasars with the very long baseline array[J]. Interplanetary Network Progress Report,2005: 42-162.

[7] KIKUCHI F,LIU Q H,HANADA H,et al. Picosecond accuracy VLBI of the two subsatellites of SELENE (KAGUYA) using multifrequency and same beam methods[J]. Radio Science,2016,44(2): 1-7.

[8] HUANG Y,CHANG S Q, LI P,et al. Orbit determination of Chang'E-3 and positioning of the lander and the rover[J]. Chinese Science Bulletin, 2014, 59(29-30): 3858-3867.

[9] LIU Q H,ZHENG X,HUANG Y,et al. Monitoring motion and measuring relative position of the Chang'E-3 rover[J]. Radio Science,2014,49(11): 1080-1086.

[10] THOMPSON A R,MORAN J M,JR G. Interferometry and synthesis in radio astronomy[J]. IEE Proceedings F-Communications,Radar and Signal Processing, 2008,133(7): 648.

[11] MARTIN-MUR T J, HIGHSMITH D E. Mars approach navigation using the VLBA[C]//Toulouse,France: Proceedings of the 21st International Symposium on Space Flight Dynamics,2009.

[12] MARTIN-MUR T J, ANTREASIAN P, BORDER J, et al. Use of very long baseline array interferometric data for spacecraft navigation [C]//Kanazawa, Japan: 19th International Symposium on Space Flight Dynamics,2006.

[13] FOMALONT E,MARTIN-MUR T J,BORDER J S,et al. Spacecraft navigation using the VLBA [C]//Manchester, UK: 10th European VLBI Network Symposium and EVN Users Meeting: VLBI and the new generation of radio arrays,2010.

[14] DUEV D A,CALVES G M,POGREBENKO S V,et al. Spacecraft VLBI and Doppler tracking: Algorithms and implementation [J]. Astronomy & Astrophysics. 2012, 541: A43.

[15] NAPIER P J,BAGRI D S,CLARK B G,et al. The very long baseline array[J]. Proceedings of the IEEE. 1994,82(5): 658-672.

[16] ZENSUS J A,DIAMOND P J,NAPIER P J. Very long baseline interferometry and the VLBA[M]. San Francisco: Astronomical Society of the Pacific,1995.

[17] 周欢,童锋贤,李海涛,等. 深空探测器同波束相位参考成图相对定位方法[J]. 测绘学报,2015(06): 634-640.

[18] FOMALONT E. The processing of VLBA spacecraft data[R]. Charlottesville, Virginia: NRAO Memorandum,2005.

[19] TAYLOR G B, CARILLI C L, PERLEY R A. Synthesis imaging in radio

astronomy Ⅱ[M]. San Francisco：Astronomical Society of the Pacific，1999.

[20] 商琳琳. 射电源 3C138 和 3C66B 的相位参考成图与 Blazar 源 J1924-29 的空间 VLBI 研究[D]. 上海：中国科学院上海天文台，2005.

[21] 周欢. 深空航天器相位参考干涉测量相对定位技术研究[D]. 北京：北京跟踪与通信技术研究所，2015.

[22] FOMALONT E. Analysis of the MER-B VLBA observations[R]. Charlottesville, Virginia：NRAO Memorandum，2005.

[23] JONES D L，FOMALONT E，DHAWAN V，et al. Very long baseline array astrometric observations of the Cassini spacecraft at Saturn[J]. The Astronomical Journal. 2011，141(2)：29.

[24] FOMALONT E. Analysis of the Cassini oct 2004 experiments[R]. Charlottesville, Virginia：NRAO Memorandum，2005.

[25] JONES D L，FOLKNER W M，JACOBSON R A，et al. Astrometry of Cassini with the VLBA to improve the Saturn ephemeris[J]. The Astronomical Journal, 2014，149(1)：28.

[26] MAX-MOERBECK W，BRISKEN W F，ROMNEY J D. Near real-time astrometry for spacecraft navigation with the VLBA：A demonstration with the Mars reconnaissance orbiter and Odyssey[J]. Publications of the Astronomical Society of the Pacific，2015，127(948)：161.

[27] 韩松涛，唐歌实，陈略，等. 中国深空网 VLBI 相关处理器开发与应用[J]. 工程研究，2015，7(1)：45-49.

[28] SHU F C，ZHENG W M，CHEN Z. Shanghai VLBI correlator[C]. Kolkata，West Bengal，India：IVS 2012 Annual Report，2012：208.

[29] DELLER A T，TINGAY S J，BAILES M，et al. DiFX：A software correlator for very long baseline interferometry using multiprocessor computing environments [J]. Publications of the Astronomical Society of the Pacific，2007(119)：318-336.

[30] GREISEN E，BRIDLE A. AIPS cookbook[M]. Charlottesville，Virginia：National Radio Astronomy Observatory，1985.

[31] TAYLORY G. The Difmap cookbook[M]. Pasadena，CA：California Institute of Technology，1997.

[32] PENCE W，CHIAPPETTI L，SHAW R A. Definition of the flexible image transport system (FITS)，version 3. 0[J]. Astronomy & Astrophysics，2010，524(10).

[33] ZHOU H，LI H T，DONG G L. Relative position determination between Chang' E-3 lander and rover using in-beam phase referencing [J]. Science China：Information Sciences，2015，58(9)：0922011.

[34] ZHOU H，LI H T，XU D Z，et al. Ground-based real-time tracking and traverse recovery of China's first lunar rover[J]. Advances in Space Research，2016，57 (3)：880-888.

附录A

机构间 △DOR
互操作规范

A.1 概述

按照 CCSDS 建议,机构间开展 ΔDOR 互操作时,需遵循的标准包括 CCSDS 506.0-M-1《差分单向测距(ΔDOR)操作》和 CCSDS 506.1-B-1《干涉测量原始数据交互格式》。其中,前一份标准中给出了 ΔDOR 操作的要求,包括了用于互操作的功能性要求、程序步骤、内容以及实施方法,定义了在操作模式中各参与机构的角色;后一份标准中详细说明了用于不同空间机构之间交换 ΔDOR 原始数据的标准格式。

A.2 机构间 ΔDOR 互操作

A.2.1 参与机构的角色

在 ΔDOR 互操作中,各参与机构的角色定义如下:
- 数据使用机构(DUA):提供航天器(S/C)定轨结果的机构。
- 数据获取机构(DCA):获取原始 ΔDOR 数据的机构(可能不止一家)。
- 数据处理机构(DPA):对原始 ΔDOR 数据进行处理(相关)的机构。

A.2.2 操作模式的定义

表 A-1 描述了 4 种公认的机构间 ΔDOR 操作模式。每种模式与其他模式相独立。用符号 A1 代表机构 1,A2 代表机构 2,以此类推。

表 A-1　交互支持模式定义

模式	DUA	DCA	DPA
1	A1	A2	A2
2	A1	A1 和 A2	A1 或 A2
3	A1	A2 和 A3	A1
4	A1	A2 和 A3	A2 或 A3

A.2.3 交互信息接口

为支持 ΔDOR 互操作,机构间需要交互的信息接口包括:
(1) 服务需求文件;
(2) ΔDOR 原始数据文件;

（3）气象数据文件；

（4）轨道星历文件；

（5）ΔDOR 数据处理结果文件。

A.2.3.1   服务需求文件

服务需求文件包含了定义一次 ΔDOR 观测的所有参数，具体参数如表 A-2 所示，所有的时间均为 UTC 接收时间。表 A-3 中给出了中欧双方开展 VEX 观测的具体实例。

表 A-2   ΔDOR 服务需求参数定义

参 数 名 称	单 位	是否必须	参 数 描 述
Request_ID	YYYYDDD/ HHMMSS	是	服务要求的发布日期（ID）
Mission_ID	N/A	是	要求提供服务的任务名称
Config_ID	N/A	否	所用接收机的配置（ID）
DPA	N/A	否	执行数据处理的机构
SC_Name_List	N/A	是	被观测航天器的 ID 列表
SC_Flux	dBm/m^2	否	被观测航天器的归一化通量密度列表，通量密度按照 1AU 距离来归一化处理
Quasar_Name_List	N/A	是	每个被观测射电源的 ID 列表
Quasar_Flux	Jy	否	被观测射电源的通量密度列表
Quasar_RA	deg	否	射电源的升交点赤经列表
Quasar_DEC	deg	否	射电源的赤纬列表
Tracking_Station	N/A	是	参与跟踪的测站 ID 列表
Network	N/A	否	跟踪测站所属网络名称列表
Track_Time	YYYYDDD/ HHMMTo- YYYYDDD/ HHMM	是	每个跟踪测站开始和结束时间列表
Scan_Source	N/A	是	待观测射电源每次扫描的时序列表 注意，这里所选的源应为 SC_Name-List 或 Quasar_ Name_List 中的信号源
Scan_Start	DDD/HHMMSS	是	观测扫描开始的时间列表
Scan_Stop	DDD/HHMMSS	是	观测扫描结束的时间列表

续表

参 数 名 称	单　　位	是否必须	参 数 描 述
DOR_Tones_On	YYYYDDD/HHMMSS-To-YYYYDDD/HHMM SS	是	各测站收到 DOR 音信号的时间间隔序列 注意每个航天器必须遥控设置为在单向光行时前发送 DOR 音信号
Polarization	N/A	否	航天器接收信号的极化旋向（RCP 或 LCP)列表
Carrier_Transmit_Freq	Hz	否	航天器发射载波频率列表
SC_Chan_BW	Hz	是	航天器记录通道带宽
SC_Chan_Res	b/sample	是	航天器记录通道采样量化率
QU_Chan_BW	Hz	是	射电源记录通道带宽
QU_Chan_Res	b/sample	是	射电源记录通道采样量化率
Channel_Number	N/A	是	逻辑记录通道数列表
Spacecraft_Assoc	N/A	否	与每个记录通道相配合的航天器列表
Signal_Component	N/A	否	航天器信号成分（载波或副载波或 DOR 侧音)列表
Delta_Flux	dB	否	航天器各信号分量通量相比于全部航天器信号通量的列表
Delta_Frequency	Hz	是	航天器信号分量发射频率相比于载波的频偏

表 A-3　中欧双方开展 VEX 观测的服务需求实例

参 数 名 称	值
Request_ID	N/A
Mission_ID	VEX1
Config_ID	QSQ（ESA internal)
DPA	N/A
SC_Name_List	VEX1
SC_Flux	N/A
Quasar_Name_List	P 0507+17
Quasar_Flux	0.692
Quasar_RA	77.509871
Quasar_DEC	18.011550
Tracking_Station	CEB
	NNO

续表

参 数 名 称	值
Network	N/A
Track_Time	2013-144T07:00:00_To_2013-144T08:45:00
Scan_Source	Q678
	VEX1
	Q678
	Q678
	VEX1
	Q678
Scan_Start	144T07:45:00
	144T07:54:00
	144T08:07:00
	144T08:16:00
	144T08:25:00
	144T08:38:00
Scan_Stop	144T07:52:00
	144T08:05:00
	144T08:14:00
	144T08:23:00
	144T08:36:00
	144T08:45:00
DOR_Tones_On	2013-2013-144T07:00:00_To_2013-144T08:45:00
Polarization	RHC
Carrier_Transmit_Freq	8 419 083 665
SC_Chan_BW	50 000
SC_Chan_Res	8
QU_Chan_BW	2 000 000
QU_Chan_Res	2
Channel_Number	1
	2
	3
	4
Spacecraft_Assoc	VEX1
	VEX1
	VEX1
	VEX1
Signal_Component	CARRIER
	SUBCAR
	SUBCAR
	SUBCAR

续表

参 数 名 称	值
Delta_Flux	N/A
Delta_Frequency	0
	524 288
	−3 670 016
	5 242 880

A.2.3.2 ΔDOR 原始数据文件

原始 ΔDOR 数据的交互需遵循 CCSDS 506.1-B-1《干涉测量原始数据交互格式》,具体内容将在本附录的第 3 部分加以描述。

A.2.3.3 气象数据文件

气象数据中包括温度、湿度、压强等信息,该文件在机构间传输时具体内容及格式要求遵循 CCSDS 503.1-B-1《跟踪数据信息》。

A.2.3.4 轨道星历文件

轨道星历文件用于测站的引导,并将作为 ΔDOR 相关处理器的输入信息对时延值进行预估。该文件在机构间传输时的内容及格式要求应遵循 CCSDS 502.1-B-1《轨道数据信息》。

A.2.3.5 ΔDOR 数据处理结果文件

ΔDOR 数据处理结果文件是 ΔDOR 处理后得到的产品,用时延量表示。该文件在机构间传输时具体内容及格式要求遵循 CCSDS 503.1-B-1《跟踪数据信息》。

A.3 原始数据交换格式

A.3.1 概述

ΔDOR 原始数据交换格式采用两类文件实现,分别是观测文件和产品文件。观测文件由一系列 ASCII 码文本行组成,产品文件由一系列二进制文本行组成。两类文件在相关处理过程中都要用到。

A.3.1.1 观测文件

观测文件包括了 ΔDOR 测量段的信息。每个跟踪站的每次测量段都需要一个观测文件。

A.3.1.2 产品文件

产品文件由连续的记录数据组成,每个记录包括了两类基本类型的数据结构:头部分和数据部分。

产品文件有以下特性:

- 一个产品文件应包括单个跟踪站的原始数据。
- 一个产品文件应包括一次单独 ΔDOR 观测(航天器或射电源均可)的原始数据。
- 一个产品文件应包括一个单频率通道的原始数据。

A.3.2 观测文件的结构和内容

观测文件包括了需要用来描述数据记录期以及用来支持数据相关处理的参数。观测文件应包括独立的观测文件头部分,随后是一次或多次观测部分,最后是结束部分。

A.3.2.1 观测文件头部分

该部分包含一条接收站行(起始用“R”字符表示),以及一条可选的发射站行(起始用“T”字符表示)。如果数据是单程数据,则应将发射站设为 0 或将发射站一行省略。

A.3.2.2 观测部分

观测部分用于描述观测并给出与观测相关联的产品文件列表。一个观测部分应包含一条独立的观测行,观测行后是一条或多条产品文件行。为了增强可读性,观测部分应包含注释行,提供观测行和产品文件行的标注。

1) 观测行

观测行应由字符“S”起始,其结构为:

S < scan-num >< src-id >< start-time >< stop-time >< ra >< dec >< tfreq >

各参数在表 A-4 中定义。

表 A-4 观测行中参数的定义

参 数 名 称	参 数 描 述	格 式	单位/精度/范围
SCAN-NUM	表示观测序号,逐次累加	3 字符整数	无单位,范围 001~999
SRC-ID	明确信号源,航天器 ID 或射电源 ID	最大 12 字符	无单位,最大为 12 个字符

续表

参 数 名 称	参 数 描 述	格　式	单位/精度/范围
START-TIME	明确观测的标称开始时间	YYYY-DDD Thh:mm:ss	UTC 年日时/分/秒,精度 1s,范围无限制 时间格式同 CCSDS 301.0-B-3《时间码格式》中的 ASCII 时间码 B
STOP-TIME	明确观测的标称结束时间	YYYY-DDD Thh:mm:ss	UTC 年日时/分/秒,精度 1s,范围无限制 时间格式同 CCSDS 301.0-B-3《时间码格式》中的 ASCII 时间码 B
RA	明确信号源赤经	十进制符号	度,范围 0~360,不多于 16 个有效数字 信号源位置已做岁差、章动和光行差校正 该处可填 999,表示未提供赤经
DEC	明确信号源赤纬	十进制符号	度,范围 -90~90,不多于 16 个有效数字 信号源位置已做岁差、章动和光行差校正 该处可填 999,表示未提供赤纬
TFREQ	如果信号源是航天器,用于明确发射频率;如果信号源不是航天器,TFREQ=0	十进制符号	Hz,不多于 16 个有效数字

2) 产品文件行

产品文件行由字符"D"起始,每个频率通道需要一个单独的产品文件。每个产品文件行的结构如下:

D < datafile > < coherence-flag > < dor-mult > < fsub > < harmonic >

各参数在表 A-5 中定义。

表 A-5 产品文件行的参数定义

参 数 名 称	参 数 描 述	格 式	单位/精度/范围
DATAFILE	明确产品文件记录的文件名	37 ASCII 字符	无单位
COHERENCE-FLAG	表征信号是否与载波相干 如果"是",DOR-MULT 和 HARMONIC 用来计算 DOR 音频率 如果"否",FSUB 和 HARMONIC 用来计算 DOR 音频率	1 ASCII 字符	无单位,"T"表示是,"F"表示否
DOR-MULT	在 COHERENCE-FLAG＝"T"情况下,明确 TFREQ 分频比,两个整数分别为分子和分母 例如:11/18440	两个整数表示的分数	无单位
FSUB	明确基频副载波频率,在所有副载波与载波不相干的情况下	十进制符号	Hz,不多于 16 个有效数字
HARMONIC	明确副载波或相干音的谐波数	整数	无单位

A.3.2.3 结束部分

结束部分应包括结束行,在结束行前可选填 1 行或多行日志信息。每条日志行由字符"F"起始,可包含关于怎样恢复接收机信息、数据及日志等信息。结束行由字符"E"起始,格式如下:

$$E * ＝END＝ *$$

A.3.3 观测文件实例

一个观测文件具体实例如图 A-1 所示。

A.3.4 产品文件的结构和内容

A.3.4.1 概述

产品文件中应包含多条记录,每条记录包含精确的 1s 数据和相关的信息用于当秒数据的相关。每条记录中的数据应为二进制格式,且每条记录由两部分组成:头部分和数据部分。其中,头部分的长度为固定值,数据部分的长度可变,取决于记录数据的采样速率和采样大小。数据部分的总长应由写入头部分中的信息完全确定。

每个产品文件应包含单次观测、单通道、单站的数据(例如,对典型的双站、3 次观测、4 通道 ΔDOR 测量,需要记 24 个文件)。

File Name: M01On000tIsDS24r02c00-08001170000.obs

```
# Observation File
# Comments
#
#
#
#
# R STATION = 24
# T STATION = 0
```

Observation Header

```
Z
#
# SCAN_NUM SRC_ID    START_TIME          STOP_TIME           RA          DEC         TFREQ
S 001      CTD_26    2008-001T17:00:00   2008-001T17:04:00   60.797422   26.005385   0.0000
#
# DATAFILE                                    COH_FLAG   DOR_MULT   FSUB        HARMONIC
D M01On001tQsDS24r02c01-08001170000.prd       T          0          375000.0    0
D M01On001tQsDS24r02c02-08001170000.prd       T          1/440      375000.0    1
D M01On001tQsDS24r02c03-08001170000.prd       T          1/440      375000.0    -2
D M01On001tQsDS24r02c04-08001170000.prd       T          1/440      375000.0    2
```

Scan Section #1

```
Z
#
# SCAN_NUM SRC_ID   START_TIME          STOP_TIME           RA          DEC         TFREQ
S 002      053      2008-001T17:06:00   2008-001T17:10:00   69.849538   22.975839   8403456000.0000
#
# DATAFILE                                    COH_FLAG   DOR_MULT   FSUB        HARMONIC
D M01On002tSsDS24r02c01-08001170600.prd       T          0          375000.0    0
D M01On002tSsDS24r02c02-08001170600.prd       T          1/440      375000.0    1
D M01On002tSsDS24r02c03-08001170600.prd       T          1/440      375000.0    -2
D M01On002tSsDS24r02c04-08001170600.prd       T          1/440      375000.0    2
```

Scan Section #2

图 A-1　原始数据格式观测文件实例

Scan Section #3

Ending Section

```
Z
#
# SCAN_NUM SRC_ID    START_TIME         STOP_TIME          RA         DEC        TFREQ
#
S 003      P_0507+17 2008-001T17:12:00  2008-001T17:16:00  77.533972  18.013694  0.0000
#
# DATAFILE                              COH_FLAG DOR_MULT FSUB       HARMONIC
#
D M01On003tQsDS24r02c01-08001171200.prd  T       0        375000.0   0
D M01On003tQsDS24r02c02-08001171200.prd  T       1/440    375000.0   1
D M01On003tQsDS24r02c03-08001171200.prd  T       1/440    375000.0   -2
D M01On003tQsDS24r02c04-08001171200.prd  T       1/440    375000.0   2

Z
F LOGfile
E *=END=*
```

图 A-1 （续）

产品文件中包含的所有整型和浮点型数值的字节序应采用小端 (little endian)方式。每条记录的结构如图 A 2 所示(N 是每条记录的总字节数)。

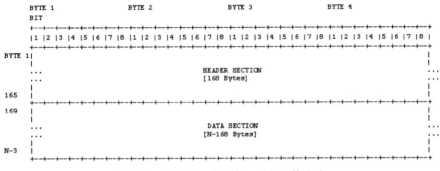

图 A-2　产品文件中每条记录的具体格式

A.3.4.2　头部分的描述

头部分应包含与地面站配置相关的信息以及记录自身需要的基本参数 (如开始时间,结束时间)。头部分的示意性描述见图 A-3,包含 23 个参数和用于后续扩展的两个空白区域,结构是固定的。

头部分的详细描述在表 A-6 给出,信号的变换经过多个步骤完成。数据记录头部包括了所有用来重构每个通道的全部下变换频率和相位的必要信息,该频率和相位是时间的函数。下变换表征的是一个固定频率与一个变化频率信号的加和。对于固定部分的下变换频率和相位为

$$f_{\mathrm{DC,fixed}} = f_{\mathrm{RF-IF}} + f_{\mathrm{IF-CHAN}}$$

$$\phi_{\mathrm{DC,fixed}}(t) = (f_{\mathrm{RF-IF}} + f_{\mathrm{IF-CHAN}})(t - t_{\mathrm{b}})$$

其中,$f_{\mathrm{RF-IF}}$ 为从射频降到中频所用的下变频器的频率,单位 Hz,用表 A-6 中列项 RF_TO_IF DOWNCONV 描述;$f_{\mathrm{IF-CHAN}}$ 为从中频到通道频率所用的下变频器的频率,单位 Hz,用表 A-6 中列项 IF_TO_CHANNEL DOWNCONV 描述;t 为采样时间,单位 s;t_{b} 为试验历元,单位 s(通常未知)。

在任意数据记录的时间范围内,变化部分的下变换相位(周数)为

$$\phi_{\mathrm{DC,variable}}(t) = \Phi + c_0 + c_1(t - t_0) + c_2(t - t_0)^2 + c_3(t - t_0)^3$$

其中,Φ 为在 t_0 时刻累积下变频器相位的整数部分,单位周,用表 A-6 中列

```
        BYTE  4                  BYTE 3                   BYTE 2                   BYTE 1

BIT    +-+-+-+-+-+-+-+-+--+-+-+-+-+-+-+-+--+-+-+-+-+-+-+-+--+-+-+-+-+-+-+-+
       |8 |7 |6 |5 |4 |3 |2 |1 |8 |7 |6 |5 |4 |3 |2 |1 |8 |7 |6 |5 |4 |3 |2 |1 |8 |7 |6 |5 |4 |3 |2 |1 |
       | RECORD LABEL                                                      |

       | RECORD LENGTH                                                     |
       +-+-+-+-+-+-+-+-+--+-+-+-+-+-+-+-+--+-+-+-+-+-+-+-+--+-+-+-+-+-+-+-+
       | STATION  ID                      |RECORD VERSION ID              |

       | SAMPLE SIZE                      |SPACECRAFT ID                  |
       +-+-+-+-+-+-+-+-+--+-+-+-+-+-+-+-+--+-+-+-+-+-+-+-+--+-+-+-+-+-+-+-+
       | SAMPLE RATE                                                       |

       +-+-+-+-+-+-+-+-+--+-+-+-+-+-+-+-+--+-+-+-+-+-+-+-+--+-+-+-+-+-+-+-+
       | AGENCY FLAG                      | VALIDITY FLAG                 |

       | RF_TO_IF DOWNCONV               (8 bytes)                         |
       +
       +-+-+-+-+-+-+-+-+--+-+-+-+-+-+-+-+--+-+-+-+-+-+-+-+--+-+-+-+-+-+-+-+
       | IF_TO_CHANNEL DOWNCONV          (8 bytes)                         |
       +

       +-+-+-+-+-+-+-+-+--+-+-+-+-+-+-+-+--+-+-+-+-+-+-+-+--+-+-+-+-+-+-+-+
       | TIME TAG, DAY OF THE YEAR        | TIME TAG, YEAR                |

       | TIME TAG, SECONDS OF DAY                                          |
       +-+-+-+-+-+-+-+-+--+-+-+-+-+-+-+-+--+-+-+-+-+-+-+-+--+-+-+-+-+-+-+-+
       | TIME TAG, PICOSECONDS OF THE SECOND        (8 bytes)             |
       +

       +-+-+-+-+-+-+-+-+--+-+-+-+-+-+-+-+--+-+-+-+-+-+-+-+--+-+-+-+-+-+-+-+
       | CHANNEL ACCUMULATED PHASE        (8 bytes)                        |
       +

       +-+-+-+-+-+-+-+-+--+-+-+-+-+-+-+-+--+-+-+-+-+-+-+-+--+-+-+-+-+-+-+-+
       | CHANNEL PHASE POLYNOMIAL COEFFICIENT 0     (8 bytes)             |
       +

       +-+-+-+-+-+-+-+-+--+-+-+-+-+-+-+-+--+-+-+-+-+-+-+-+--+-+-+-+-+-+-+-+
       | CHANNEL PHASE POLYNOMIAL COEFFICIENT 1     (8 bytes)             |
       +

       +-+-+-+-+-+-+-+-+--+-+-+-+-+-+-+-+--+-+-+-+-+-+-+-+--+-+-+-+-+-+-+-+
       | CHANNEL PHASE POLYNOMIAL COEFFICIENT 2     (8 bytes)             |
       +

       +-+-+-+-+-+-+-+-+--+-+-+-+-+-+-+-+--+-+-+-+-+-+-+-+--+-+-+-+-+-+-+-+
       | CHANNEL PHASE POLYNOMIAL COEFFICIENT 3     (8 bytes)             |
       +

       +-+-+-+-+-+-+-+-+--+-+-+-+-+-+-+-+--+-+-+-+-+-+-+-+--+-+-+-+-+-+-+-+
       | EMPTY FIELDS FUTURE USE      (36 bytes)                           |
       |                                 ...                              |
       +-+-+-+-+-+-+-+-+--+-+-+-+-+-+-+-+--+-+-+-+-+-+-+-+--+-+-+-+-+-+-+-+
       | EMPTY FIELDS INTERNAL AGENCY USE  (40 bytes)                      |
       |                                 ...                              |
       +-+-+-+-+-+-+-+-+--+-+-+-+-+-+-+-+--+-+-+-+-+-+-+-+--+-+-+-+-+-+-+-+
       | END LABEL                                                         |
       |8 |7 |6 |5 |4 |3 |2 |1 |8 |7 |6 |5 |4 |3 |2 |1 |8 |7 |6 |5 |4 |3 |2 |1 |8 |7 |6 |5 |4 |3 |2 |1 |
       +-+-+-+-+-+-+-+-+--+-+-+-+-+-+-+-+--+-+-+-+-+-+-+-+--+-+-+-+-+-+-+-+
```

图 A-3　头部分的总体结构

项 CHANNEL ACCUMULATED PHASE 描述；c_i 为通道相位多项式系数 $(i=0,1,2,3)$，用表 A-6 中列项 CHANNEL PHASE POLYNOMIAL COEFFICIENT $0\sim3$ 描述；t 为数据记录的时间，单位 s；t_0 为数据记录的开始时间，单位 s，用表 A-6 中列项 TIME TAG SECOND OF THE DAY 描述。

变化部分的下变换频率由下变换相位的微分得到：

$$f_{\mathrm{DC,variable}}(t)=c_1+2c_2(t-t_0)+3c_3(t-t_0)^2$$

当 $c_2=c_3=0$ 时，整个下变换频率链是固定的。

表 A-6 产品文件头部信息

参 数 名 称	字节数	类型	参 数 描 述	允 许 数 值	强制性要求
RECORD LABEL	4	字符	用于标识数据类型的 ASCII 码	'RDEF'	是
RECORD LENGTH	4	无符号整数	表示整个记录的长度,单位字节	数值应等于 2×(SAMPLE RATE ×SAMPLE SIZE) /8+HEADER SIZE (字节),其中 HEADER SIZE 为 176 字节	是
RECORD VERSION ID	2	无符号整数	数据记录结构的版本号	当前版本=1,版本号应与观测文件中的保持一致	是
STATION ID	2	无符号整数	地面站的内部网络标识符	整数	否
SPACECRAFT ID	2	无符号整数	航天器的内部网络标识符	整数	否
SAMPLE SIZE	2	无符号整数	明确数据记录中数据采样的量化位数	1,2,4,8,16	是
SAMPLE RATE	4	无符号整数	明确数据记录中每秒复采样的采样速率	SAMPLE RATE × 2×SAMPLE SIZE 为 32 的倍数以保持采样字长 32 比特	是
RF_TO_IF DOWNCONV	8	浮点数	下变换的第一步:从射频到中频 分辨率:1Hz	注:这里给出的下变换数值可以表示实际地面站的频率差或是逻辑上的下变频	是
IF_TO_CHANNEL DOWNCONV	8	浮点数	下变换的第二步:从中频到通道中心频率 分辨率:1mHz	注:从中频到通道中心频率的下变换表征了两个参数的和: IF_TO_CHANNEL_ DOWNCONV 中的固定值 与 CHANNEL POLYNOMIAL COEFFICIENTn 中的变化值	是

续表

参 数 名 称	字节数	类型	参 数 描 述	允 许 数 值	强制性要求
TIME TAG YEAR	2	无符号整数	明确了记录中数据的 ST 年	具体年份	是
TIME TAG DAYS OF THE YEAR	2	无符号整数	明确了记录中数据的 ST 年积日	1~366	是
TIME TAG SECONDS OF THE DAY	4	无符号整数	明确了记录中数据的 ST 日积秒	0~86 400	是
TIME TAG PICOSECONDS OF THE SECOND	8	浮点数	明确了记录中第一个采样数据的 ST 秒的小数部分,单位为皮秒	第一个采样数据的采样时刻和 ST 整秒的时延已知时用正数表示;如果未知则设为 0	是
CHANNEL ACCUMULATED PHASE	8	浮点数	由相位多项式系数表征的通道下变频器相位变化部分的累积整周数的数值(用周数表示,rad/2π)	这一参数应给出从数据帧开始累积的总的相位,不包括附加通道相位多项式的影响	是
CHANNEL PHASE POLYNOMIAL COEFFICIENT 0	8	浮点数	0 次项的通道相位多项式系数(用 rad/2π 表示)。这一列项对应于整秒点,由 TIME TAG SECONDS OF THE DAY 给出	注:为方便数据处理,由相位多项式表征的下变频器相位应该在每一秒到下一秒的相位和相位变化率数据上连续	是
CHANNEL PHASE POLYNOMIAL COEFFICIENT 1	8	浮点数	1 次项的通道相位多项式系数(用 rad/2π/s 表示)这一列项对应于整秒点,由 TIME TAG SECONDS OF THE DAY 给出	注:为方便数据处理,由相位多项式表征的下变频器相位应该在每一秒到下一秒的相位和相位变化率数据上连续	是

续表

参 数 名 称	字节数	类型	参 数 描 述	允 许 数 值	强制性要求
CHANNEL PHASE POLYNOMIAL COEFFICIENT 2	8	浮点数	2 次项的通道相位多项式系数（用 $rad/2\pi/s^2$ 表示）这一列项对应于整秒点，由 TIME TAG SECONDS OF THE DAY 给出	注：为方便数据处理，由相位多项式表征的下变频器相位应该在每一秒到下一秒的相位和相位变化率数据上连续	是
CHANNEL PHASE POLYNOMIAL COEFFICIENT 3	8	浮点数	3 次项的通道相位多项式系数（用 $rad/2\pi/s^3$ 表示）这一列项对应于整秒点，由 TIME TAG SECONDS OF THE DAY 给出	注：为方便数据处理，由相位多项式表征的下变频器相位应该在每一秒到下一秒的相位和相位变化率数据上连续	是
VALIDITY FLAG	2	无符号整数	表征记录过程中是否检测到错误	0 表示没有错误（或没有执行检查）；正数表示与执行相关的错误代码	是
AGENCY FLAG	2	无符号整数	生成文件的机构	在国内应用时，该字段固定填 0，表示未使用	是
EMPTY FIELDS(后续扩展)	36		为后续格式扩展预留的空闲字节		是
EMPTY FIELDS(机构内部使用)	40		用于每个机构内部自定义用途的空闲字节		是
END LABEL	4	整数	用于数据一致性检查的结束标识	−99 999	是

A.3.4.3　数据部分的描述

产品文件中每条记录的数据部分应仅包含由接收机记录的同相(I)和正交相(Q)采样数据。采样数据应该填充在 32b 字中。给定时间采样的正交相(Q)数据和同相(I)数据应该紧连在一起。从 1 到 16 复采样数据应该填充进每个 32b 字中,这取决于每采样的比特数。图 A-4 给出了所有可能的例子。

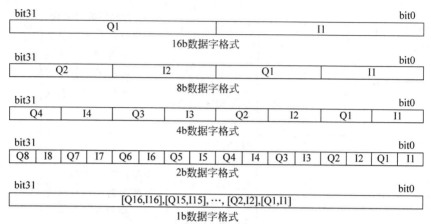

图 A-4　不同量化位数下的数据格式

包内数据的填充比特按照时间顺序从最低有效位(LSB)至最高有效位(MSB)。量化时应对数据进行截断处理,这会给数据带来-0.5 的偏移,必须在后处理软件中进行修正,相当于消除直流分量偏差。

A.3.5　文件命名约定

文件名应能唯一定义记录数据的接收机、频率通道、航天器、地面站、观测、文件类型以及标称观测开始时间。每个文件应遵循下列约定进行命名:

MMMMnNNNtTsSSSSrRRcCC-YYDDDHHMMSS.XXX

这里:

(1) MMMM 是任务 ID(4 字符)。

(2) n 是个标记符,表示接下来的是观测标识。

(3) NNN 是观测计数(3 位整数)从 001 开始。

(4) t 是个标记符,表示接下来的是文件类型。

(5) T 是文件类型(1 字符)。

　　a) I 表示观测文件;

　　b) 对于产品文件,S 表示航天器观测,Q 表示射电源观测。

(6) s 是个标记符,表示接下来的是地面站标识。

(7) SSSS 是地面站标识(4 字符),这一标识应该与观测文件中给定接收站名称相同。

（8）r 是个标记符，表示接下来的是接收机标识。

（9）RR 是接收机标识（2 字符）。

（10）c 是个标记符，表示接下来的是通道标识。

（11）CC 是通道标识（2 字符）。

（12）- 用来表示接下来的是日期。

（13）YY 是标称观测历元年的后两位数字（2 位整数）。

（14）DDD 是标称观测历元的年积日（3 位整数）。

（15）HHMMSS 是称观测历元的小时-分钟-秒（6 位整数）。

（16）.XXX 是文件扩展名：.obs 指观测文件，.prd 指产品文件。

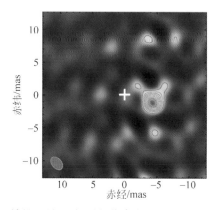

图 7-10 "嫦娥三号"巡视器相位参考干涉测量成图结果示例

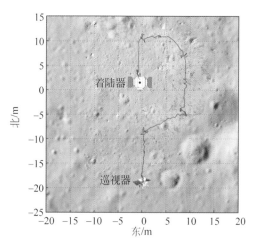

图 7-11 采用相位参考干涉测量技术还原的
"嫦娥三号"巡视器月面运动轨迹